[英国]乌莎·戈斯瓦米 著　吴帆 译

# 儿童心理学

牛津通识读本·

# Child Psychology

A Very Short Introduction

译林出版社

**图书在版编目（CIP）数据**

儿童心理学／（英）乌莎・戈斯瓦米（Usha Goswami）著；吴帆译．—南京：译林出版社，2019.6（2025.5重印）
（牛津通识读本）
书名原文：Child Psychology: A Very Short Introduction
ISBN 978-7-5447-7692-9

I. ①儿…　II. ①乌… ②吴…　III. ①儿童心理学　IV. ①B844.1

中国版本图书馆 CIP 数据核字（2019）第 055536 号



著作权合同登记号　图字：10-2017-080 号

**儿童心理学　［英国］乌莎・戈斯瓦米／著　吴　帆／译**

序言作者　陈美龄
责任编辑　於　梅
装帧设计　景秋萍
校　　对　蒋　燕
责任印制　董　虎

原文出版　Oxford University Press, 2014
出版发行　译林出版社
地　　址　南京市湖南路 1 号 A 楼
邮　　箱　yilin@yilin.com
网　　址　www.yilin.com
市场热线　025-86633278
排　　版　南京展望文化发展有限公司
印　　刷　江苏凤凰通达印刷有限公司
开　　本　890 毫米 ×1260 毫米　1/32
印　　张　8.625
插　　页　4
版　　次　2019 年 6 月第 1 版
印　　次　2025 年 5 月第 17 次印刷
书　　号　ISBN 978-7-5447-7692-9
定　　价　39.00 元



译林版图书若有印装错误可向出版社调换。质量热线：025-83658316

# 序 言

陈美龄

现代父母因为社会发展迅速，所以在养育孩子的时候，会感到有点不知所措。传统的育儿方法能否帮助面向未来的孩子适应AI时代的挑战呢？竞争激烈的升学情况会否对孩子成长有坏的影响呢？为了不让孩子被时代淘汰，父母应该如何教育孩子呢？互联网上和市面上的育儿知识可以信赖吗？当父母的采取什么行动可以帮助孩子拥有更好的未来呢？

这些都是深爱儿女的家长最关心的问题。

有很多年轻家长，因找不到答案而失去信心。也有些家长拼命让孩子参加早教班、学习班，希望孩子能够赢在起跑线。

但最佳的解决方法是家长充实自己在育儿方面的专门知识。

为了孩子的未来，当父母的应该尽量争取进修的机会。儿童心理学的知识，可以帮助家长更有信心地培养儿女。

家长追求专门知识的时候要小心选择，无论是利用互联网还是利用参考书，都应该寻找正确和值得信赖的专家意见和研究分析。

家长要善于区分“分享”和“课程”，以及同伴和老师。“分享”是富有育儿经验的父母的经验之谈，这些父母是我们的同伴。“课程”是基于有根据的研究和理论的指导，指导者是我们的老师。

为避免商业气息和极端意见的影响，家长可以积极理解有根据的儿童心理学方面的研究，寻求老师的见解。

家长同时应该尽量寻求新的研究成果。因为科学是日新月异的，数十年前的理论往往已经被推翻。

乌莎·戈斯瓦米教授的研究是重要的育儿参考资料，从幼儿到青春期。

育儿中的家长熟读本书后，一定会受到好的影响。

当上父母，就同时获得了人生中最有意义的挑战、最重要的任务。

只要家长有充足的知识，育儿的过程一定会带给您人生中最大的乐趣。

献给我的外甥

扎卡里·托马斯·戈斯瓦米－迈尔斯科

作为对他的纪念

# 目 录

# 前　言

儿童心理学史上有过令人激动的时刻。脑成像和遗传学领域的新科技使我们对儿童如何发展、思考和学习有了重要的、新的理解。这本简短的介绍将总结近期在认知发展和社会/情绪发展方面的研究，主要针对0—10岁的儿童。认知发展涵盖了儿童如何思考、学习和分析。社会/情绪发展涵盖了儿童如何发展关系、自我意识和情绪控制能力。社会和情绪的健康发展与认知能力的发展有着内在的联系。如果儿童在家庭、同龄群体和大的社会环境中是快乐的和有安全感的，那么他们便处于能够发展认知潜能的有利位置。如果成长的环境让儿童感到焦虑或害怕，那么他们在认知和情绪的发展中会遇到更多困难。

幸运的是，每个人都有为幼儿创造最佳环境所需的要素。这些要素是时间、耐心和爱。儿童心理学研究表明，**温暖**和**适时回应**是获得最佳发展结果的关键。"适时回应"指的就是立即回应儿童的提议并关注儿童所关注的事情。当儿童的提议能获得
"支持性的结果"时，他们便能够有效地学习。即便是小婴儿也 1

不是被动的学习者。婴儿会积极选择关注什么以及如何吸引他人的关注。幼儿要某个特定的玩具时，照料者如果能够将玩具给他们并且延长这一互动（“这是泰迪熊。我觉得他饿了！”），便是在促进幼儿的认知发展。照料者如果**始终**（而不是偶尔地）忽视儿童或者对他们说“安静点，你现在不需要”，则不是在促进儿童的认知发展。一个儿童如果持续地被忽略、忽视或冷漠地对待，便会有社会、认知和学业发展受到损害的风险。

除了温暖和适时回应式的养育，儿童发展的另一个关键要素是**语言**的发展。语言的质和量都很重要。儿童的大脑是个学习机器，要有足够的**输入**，大脑才能有效学习。关于幼儿的研究显示，他们每天能听到超过5 000个词。美国的一项研究显示，高收入家庭的儿童平均每小时能听到487个词，而低收入家庭的儿童平均每小时只能听到178个词。研究人员推算，到4岁的时候，高收入家庭的儿童已经听到了4 400万个词，而低收入家庭的儿童只听到了1 200万个词。这种环境的差异对大脑会有非常重要的影响。我们即将看到，语法（关于语言结构的知识）和语音（关于字词发音的知识）的最佳发展取决于大脑是否接受了足够多的语言输入。因此语言的数量很重要。



与幼儿交流时所使用的语言的**质量**也同样重要。提高语言质量最简单的方式是围绕图书做互动。就算是一同看书里的图片并讨论，都会使儿童学会使用更复杂的语法形式并学到新鲜的概念。简单的养育过程中所使用的语言，尽管对于巩固生活
2 常规是很重要的，但是并不会非常复杂。每天带着儿童和图书互动会很自然地引入更复杂的语言，为认知发展提供大量的刺激。研究表明，早期语言输入的丰富程度不仅会影响之后的智

力技能，还会影响情绪技能，例如如何与同伴化解矛盾。

围绕当下发生的真实事件的自然对话，对于最佳发展是很关键的。尽管如此，在很多环境中，与幼儿交谈仍不受重视。有些研究发现，对幼儿说的超过60%的话都是“空洞的语言”，例如“停下来”“别去那儿”“放下来”等。显然，这种语句在和幼儿的日常互动中是必要的。但是研究显示，如果儿童的环境中有很多这类“限制性的语言”，那么这对后期的认知、社会和学业发展都是有负面影响的。有效的照料者会使用语言去支持并协助儿童的活动。例如，一个儿童可能正拿着根棍子搅动水坑。照料者与其说“停下来，你会弄脏的！”，倒不如说“你是在用棍子搅动水坑吗？看你弄出的圆圈。你可以让圆圈按另一个方向转圈吗？是的，做得很好！”。这样的反应会将**儿童**关注的焦点扩大为一个“学习环境”。



当你继续读这本书时，请记住儿童是一个**主动的**学习者，而不是一个被动的学习者。如果儿童早期在家庭、托儿所和学校体验到的学习环境是温暖的、适时回应的并且有丰富的语言输入，那么这个年轻的大脑将会有最好的机会来获得最佳的发展。这些学习环境支持着所有婴儿和儿童迅速发展出一切惊人的认知和社交能力。我将在这本书余下的章节里讨论其中的一些能力。 3

第一章

# 婴儿和他们所认识的世界

## 早期学习

当婴儿还在母亲子宫里的时候，他们的大脑就已经开始学习了。到了孕晚期（第6—9个月），胎儿便能够听到母亲的声音。尽管羊水有过滤效应，在出生时婴儿也能够区分母亲的声音和陌生女性的声音。这个结论是通过一个给新生儿吮吸假奶嘴的著名的“吮吸”实验得出的。首先，实验员测量了新生儿的自然或“基准”吮吸速度。然后，婴儿听到了一段他们的母亲读故事的录音。每当他们的吮吸速度超过基准时，这段录音就会开始播放。每当他们的吮吸速度低于基准时，他们就会听见陌生女性的声音，读着同样的故事。婴儿迅速地学到了：只要快速地吮吸就能够听到母亲的声音。第二天，实验员调整了这种因果关系。这样一来，要听到母亲的声音就必须要吮吸得**慢**一点——婴儿调整了他们的吮吸速度。类似的“吮吸”实验还用过读故事的方法。母亲在孕晚期的时候每天对着她们隆起的肚子读一个特定的故事。在出生时，她们的婴儿便能够区分熟悉的故事和陌生的故事。确实，"吮吸"实验甚至显示胎儿在子宫里就可以学习音乐。有些母亲是肥皂剧《邻居》的粉丝，她们的婴儿在出生时就能够识别出《邻居》的主题曲。 4

胎儿在子宫里也经常活动。早在第15周的时候，胎儿就能有好几种明显的活动模式，其中包括"打哈欠、伸懒腰"的姿势和用来旋转身体的"踩脚"模式。子宫内部环境的各个方面，例如母亲有规律的心跳声，似乎也能被感知到，并且因此有着安抚的效果。研究发现，当听到一些声音时，胎儿的心跳速度会下降（被认为是集中注意力的表现）。研究还发现，对于熟悉的刺激，心跳速度也会习惯化（不再波动），这被认为是胎儿正在学习的表现。因此，胎儿研究告诉我们，即使是在子宫里，胎儿的大脑也已经开始学习、记忆和关注了。



事实上，构成大脑的绝大多数脑细胞在出生前就形成了。因此，子宫内的**环境**如果含有过多的毒素，例如过多的酒精或药物（指酗酒或药物成瘾，而不是偶尔的一杯酒），就会影响大脑的发展。这些影响是不可逆的，即便儿童出生后的环境在一定范围内能够补救负面的影响。在一个人的一生中，大脑都是可塑的。但是，可塑性在很大程度上是通过大脑中已经存在的脑细胞之间逐渐增多的连接而取得的。**任何环境中的输入**都会使新的连接形成。与此同时，那些不再经常被用到的连接会被修剪掉。因此，没有哪个单一的经历能够造成灾难性的发展后果。但经历的**持续性**在决定哪些连接被修剪和哪些被保留的过程中是很重要的。如果一个儿童持续地体验到温暖和关爱，而另一个儿童持续地经历焦虑和恐惧，那么他们大脑中将会被增强的连接是不同的。

发展早期极其重要的一个原因是：大脑实际上是一部学习机器。脑细胞在出生前就已经做好了准备。研究显示，它们也有一些与生俱来的处理信息的方式。这部学习机器的早期能力决定着它之后学习的效率。在出生时，大脑之间并没有那么多不同。它们都有着同样的、内置的信息处理方式。但是，一个大脑如果获得了早期的优势，那么在发展内部结构时会更有效率。因此，出生在理想学习环境中的儿童的大脑，会在一生中都表现得比面对不那么理想的早期环境的大脑要好。早期大脑的可塑性也意味着干预总会有效果。转变环境之类的干预（例如进入寄养家庭等），可以帮助增强脑细胞之间的连接，让信息处理变得更优化或者更有效。在人生的前几年里尤其是这样。因此，改善一个儿童的环境总会对后期的发展结果有正面的影响。



最终，大脑之间总还是会有**个体差异**。在出生时，个体差异主要体现在感觉处理（例如负责看或听的神经机制的工作效率）和情绪不稳定（容易对刺激做出快速或敏感反应）方面。**环境**将最终决定我们之间的这些个体差异是会造成轻微、可忽略不计的后果还是更重大的后果。有些大脑如果由于生理原因，在特定的、重要的信息处理方面不是特别高效，就可能面临某些方面发展迟缓的风险。例如，如果听觉处理比较低效，可能意味着未来会有语言障碍。个体差异不是决定性的：较低的效率并不直接等同于发展障碍。通常，只要环境足够滋养，充足的学习体验会使较为低效的大脑达到与较为高效的大脑类似的发展终点。但是，及早意识到大脑效率有缺陷可以使环境干预更有效。一个极端的例子是耳聋。在有些情况下，可以将一个小的微型芯片（叫作耳蜗植入物）植入婴儿的耳朵里。一些装了耳蜗植入物的儿童，在口语的发展方面可以和听觉正常的儿童一样。 6

另外，即便是同卵双胞胎，大脑也不尽相同。具体的原因还不明确。一个可能性是，这些个体差异或许取决于子宫内的环境，这对每个胎儿来说都会略有不同。双胞胎中的一个通常会比较强势，所以可能总是先改变姿势。另一个就必须通过改变自己的姿势来适应变化。因此第二个孩子会有与第一个孩子不同的子宫内的经历。尽管如此，关于同卵双胞胎的研究表明，生理条件从来就不是决定性的（见第七章）。环境总是对儿童的发展有着重要影响。儿童成长的环境是由家庭、托儿所、学校和更广义的社会所决定的。



## 人、脸和眼睛

在婴儿的世界中，最有趣的就是自己以外的人。研究显示，婴儿从出生起就对人脸着迷。确实，大脑中有一个专门用来处理脸部信息的系统，似乎在婴儿和成人的大脑中都起着同样的作用。关于新生儿和婴儿的实验表明，比起其他刺激物，他们总是更喜欢看到脸，尤其是活生生的、表情丰富的脸。眼睛是尤其有趣的。新生儿喜欢看到眼睛直视他们的脸。他们不喜欢看到眼睛看向旁边的脸。婴儿对“面无表情的脸”——在一个实验中，母亲故意停止和婴儿的互动并且看上去是在发呆——也会有负面的反应。当婴儿看到“面无表情的脸”时，他们变得烦躁不安，并转过头去。这“面无表情的脸”——母亲的无动于衷——

也会提高某些婴儿体内的压力荷尔蒙皮质醇水平。患有临床抑郁症的母亲，会出现“面无表情的脸”的特征。

有些心理学理论认为，**社会拒绝**是最厉害的一种心理折
7 磨。例如，菲利普·罗沙（2009）表示，婴儿对“面无表情的脸”所做出的不安反应证实了社会互动在早期形成自我意识过程中的重要性。根据这些关于儿童发展的“社会文化”理论，我们的“自我”是由他人对我们的反应来定义的。如果他人对我们是积极的，并且以温暖的方式和我们互动，我们会对自己感觉良好。如果他人对我们有敌意或忽略我们，我们对自己的感觉会不好。社会文化理论还称，我们对逃避分离和拒绝（例如逃避霸凌和惩罚）的需求决定了我们多数的行为。我们都需要社会亲密关系[①]。环境提供的亲密关系的形式决定了我们对自己的感受。



新生儿也会模仿成人的脸部表情。这意味着婴儿天生就能感知到自己的身体。婴儿也会即刻参与他人所做的事情。在一个著名的产科医院实验中（见图1），刚出生一小时的婴儿模仿了成人张大嘴巴或伸出舌头的动作。为了在实验中测试模仿，小婴儿与他们的母亲被置于一间黑暗的屋子里。一束光会出现并照亮实验员的脸。他会伸出他的舌头或将他的嘴巴张大。过了20秒，光会消失，然后婴儿会在黑暗中被拍摄。在看到他人伸出舌头之后，婴儿更倾向于伸出舌头；在看到他人张大嘴巴之后，婴儿更倾向于张大嘴巴。

---

① 原文为social proximity and intimacy。proximity指的是物理距离，比如身旁总是有他人陪伴，和他人共同生活；而intimacy更偏向于情感上的亲近，比如有肢体接触和温暖的语言，令人感到亲密。——书中注释均由译者所加，以下不再一一说明。

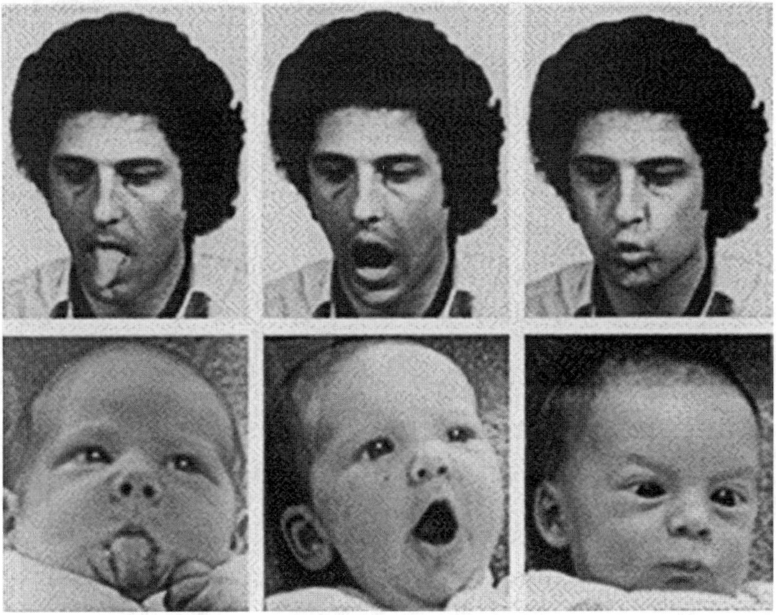

图1 即使是新生儿也可以模仿成人的脸部表情

模仿能力可能是基于大脑中一个叫作“镜像神经”的系统。“镜像神经”脑细胞会将动作和感受配对。当你在观察他人做动作和当你自己在做同一个动作时，镜像神经都是活跃的。例如，当你捡起一根棍子或者当你看到他人捡起一根棍子时，你脑中活跃的是同一组脑细胞。因此，这个大脑系统被认为是建立自我和他人之间“通用代码”的基础。为了在黑暗中模仿一个观察到的表情，婴儿必须能够将他人的动作映射在自己的身体上。 8
这意味着他们能够意识到另一个人多多少少“和我有相似之处”。实验显示，婴儿**不会**模仿会动的机器人的动作。他们显然知道机器人不是人类。大一点的婴儿还能够模仿他人没有能够完成的动作。例如，婴儿可能看到他人尝试着要将一串珠子放进瓶子里，但是总是放不进瓶口。当被允许拿着珠子玩时，婴儿会直接将珠子放进瓶子里。这说明婴儿能够明白他人的**意图**。他们并不只是单单模仿他人的肢体动作。

## 沟通意图

对人脸和眼睛的内在兴趣被认为与婴儿如何学习语言是有
9 关联的。这是因为能够辨别**意图**是很核心的能力。当我们和他人说话时，我们试图让他人理解我们的意思。新生儿有多项能力来帮助他们识别他人的“沟通意图”。

首先，婴儿喜欢直接的眼神对视。即便是对成人而言，当他人直接看着你的眼睛并与你建立眼神交流时，这传达出一个信号，即你们俩都同时“在线”，可以进行对话。其次，婴儿可以进行交替。所有的对话都涉及交替，母乳喂养就是一个典型的交替行为。喝母乳和奶粉时，婴儿都会吮吸和暂停。当婴儿停止时，母亲会轻轻摇晃婴儿，然后婴儿会继续吮吸。暂停并**不**取决于需要喘口气或饱了——如果婴儿想要的话，他们可以一直不断地吮吸下去。而轻轻摇晃绝不会在婴儿正在吮吸的时候发生。事实上实验显示，轻轻摇晃婴儿并不会影响总体喝下去的奶量。然而吮吸和轻轻摇晃是交替进行的。这就像对话时要交替进行一样。



再次，婴儿可以辨别因果关系。他们很早的时候就知道，有些事情之间有内在联系（或相倚关系）。喝母乳或奶粉时的吮吸和轻轻摇晃就是一个“适时回应”的例子。每个行为都建立在发生了另一个行为的基础之上。适时回应是人类互动的一个重要方面，也是儿童心理学的一个重要概念。照料者的适时回应会促进健康的心理发展。关于婴儿对相倚关系的认识，有很多例子。例如，有一个很聪明的实验拍摄了婴儿踢腿的动作（小婴儿会花很多时间踢腿）。实验员给婴儿播放了两段影片，供他们选择。其中一段影片显示了他们在踢腿的实况。另一段影片也显示了他们的腿，但是时间上有所延迟。因此在第二段影片中，婴儿腿部的感受和他们的所见之间没有相倚关系或内在联系。实验员 10
发现婴儿都更爱观看有相倚关系的影片。

最后，照料者和婴儿说话时常会用一种特别的语调。比起平常的对话语调，这更像是在唱歌，也更能够赢得婴儿的注意，这样的语调被称为“儿向语”或“父母语”。在和婴儿说话时，所有成人和儿童都会很自然地采用这种特殊的语调，婴儿也会更喜欢听这样的父母语。例如，实验员让婴儿在两段录音里挑选，一段是正常的成人说话，另一段是同一个成人说父母语，婴儿会选择去听那段说父母语的录音。学习语言时，四个很关键的能力似乎是必需的。当某人与你进行直接的眼神对视，用父母语和你说话，会对你的咯咯声做出回应并交替和你对话时，这些都是此人正在试图和你沟通的信号。婴儿从出生起就能识别这些信号。

## 依恋和安全感

能够识别沟通意图仅仅是新生儿体现出的社会互动方面的内在能力（或倾向）中的一种。其他本能的行为，例如**寻找**乳房、**哭泣**和**抓握**，都会增进婴儿和照料者之间的亲密关系。这些动作会保证建立关系所需的肢体的亲密度。有些研究表明，在进化过程中，婴儿哭声的音调和音量也在调整，为的是唤起成人立刻采取行动。婴儿的哭声像是被有意设计成对成人来说最有压力的样子。微笑出现得也很早，婴儿也会用微笑来奖励来自照料者的社会互动。实验显示，当和照料者有着**面对面的适时**互动时，婴儿微笑得最多。这些互动中常包含交替、儿向语和玩耍时的温暖（“人际互动”）。出生时，婴儿会偏好母亲的声音和味道，这些对他们来说是最熟悉的。但是要成为一个“被偏好的
11 依恋对象”，重要的是亲密度和持续性。婴儿很快学会去喜欢最持续且温暖的照料者的脸、声音和气味。婴儿形成的这些依恋对健康的心理发展至关重要。



但是研究**并未**表示，在出生后与母亲分离（例如为了医疗程序）会阻碍母亲与婴儿建立亲密关系。婴儿与母亲或其他照料者之间的心理关系或“绑定”会随时间加强。持续的接触、回应和温暖是重要的。早期依恋体验的持续性，在儿童形成“内在工作模式”（心理预期）的过程中是至关重要的，他们觉得自己作为人值得被他人爱和支持。如果这些互动是持续的、温暖的，那么婴儿会表现出“安全的依恋”。如果婴儿持续地体验到无法适时满足需求的照料，或缺乏温暖的照料，那么依恋会是“不安全的”。类似地，如果婴儿持续地体验到反复无常或忽视型的照料（有时候能够及时满足婴儿的需求而有时候又会忽视婴儿的需求），那么这样的依恋也是不安全的。即使婴儿对于照料者的依恋是不安全的，相较于其他人，他们仍旧会选择他们的照料者。“不安全的依恋”实际上指的是，婴儿不能够**指望**照料者对他们的哭和笑做出合适的回应——甚至有时根本就没有回应。

如果依恋是不安全的，儿童会发展出不同的“内在工作模

式”。文献中主要记录了两种不安全的依恋模式。“回避”型的婴儿看上去像是接受了自己的命运。他们会发展出自我保护机制，例如当照料者在身边时不再去寻求接触，似乎是要防止自己再次失望。“依赖”型的婴儿会变得非常黏人而且会抗拒分离，就好像要试图强迫成人做出恰当的照料行为。研究显示，这
两种不安全的依恋模式都会抑制长期的正面发展结果，其中包 12
括社会情绪结果（自信和自我控制）和认知结果（智力和学业成就）。

在极端情况下，依恋是“紊乱的”，这通常包含对婴儿来说是很吓人的父母的反应。过于反复无常的照料会使婴儿无法规划自己的行为以使需求得到满足。在这种情况下发展出的内在工作模式通常会使儿童在某一方面有缺陷，感到自己不值得被他人爱和支持。这样的儿童会有罹患精神疾病的风险，包括抑郁症、对立违抗障碍或品行障碍。健康的依恋关系并不一定是和亲生父母的关系。关系取决于**学习**。学习到社交需求可以通过适时回应和温暖得到满足，这对婴儿建立安全的依恋是很关键的。祖父母、养父母和哥哥姐姐都可以让儿童形成安全的依恋。



## 关于行为的预期

除了与生俱来的社会属性，婴儿对于人们之间的行为也有着有趣的预期。研究显示，大一点的婴儿（12个月左右）会期待人们**帮助他人**并且**平等**相处。例如，在一个实验中，实验员向婴儿播放了视频，电脑屏幕上显示的是几何图形的动画。这些图形按照特定的方式移动。屏幕中有一条不断上升的线，可以被看作是一段“需要攀爬”的“山坡”。一个图形（圆圈）开始沿

着山坡向上移动。它一开始爬得很平稳，但是当坡度变陡后，这个圆圈滚了下去停在了一个平台上。这时，视频中另一个图形（在屏幕顶端）开始移动。例如，一个三角形会落到圆圈后面，然后它们一同移动到山坡顶上（“帮助”情景）。或者，一个正方
13 形会落到圆圈前面，然后它们会一起移动到山脚下（“阻碍”情景）。然后，实验员给婴儿立体的三角形和正方形玩具供他们选择，所有的婴儿都更愿意和三角形玩。

一组了不起的实验使用了没有眼睛的移动图形，这些图形的运动被观看的婴儿理解为社会行为。上述只是其中的一个实验。确实，在动画中增加眼睛，或使用真正的演员，无疑会加强实验的效果。在婴儿看来，物体之间某些以运动为基础的互动意味着社会行为。一组实验也同样揭示了婴儿对社会道德的期待，这组实验将真实的物体放在了一个小小的“舞台”上。婴儿坐在父母的大腿上，看着舞台上的场景，而实验员则躲在舞台后面操纵着物体的“行为”和“经历”。例如，一个关于社会道德期待的实验使用了两只一模一样的玩具长颈鹿。每只长颈鹿面前都有一张地垫。在婴儿观看的同时，实验员让长颈鹿看到了两个玩具（兴奋地说“我有玩具哦！”）。长颈鹿变得很兴奋（通过隐秘的方式），它们开始跳舞并且喊着“耶，耶”。然后，实验员将两个玩具都放在一只长颈鹿面前的地垫上，或将两个玩具分给两只长颈鹿。长颈鹿低下头看着它们眼前的地垫，不做任何反应。实验员记录下婴儿观看每个场景的时间长短。婴儿观看不公平场景的时间要远远超过另外一个。



这些实验都有多个参照组来排除掉其他关于婴儿的选择或观看时间的解释。实验结果显示，有些**社会道德准则**也许是天

生就有的，并且在任何文化背景下都是相通的。早期出现的准则似乎包含了对公平的关注、对帮助而非阻碍的喜好，以及对伤害他人的厌恶。理论上认为，社会道德准则之所以是天生就有的，是因为这些准则可以保证种族延续。为了社会群体生活（社会）的正常运行，这些准则是必需的。社会道德期待促进了积极 14
的人际互动和社会群体合作。

显然，不同的文化对于这些准则会有不同的细化方式。另外，一旦掌握了语言（见第三章），我们就可以向儿童解释他们在不同场合中该如何表现，以及为什么某些道德准则是重要的。但是，即便是还不会说话的婴儿都会通过观察身边人的互动学到许多社会道德准则。这种学习看上去是由他们对人们应该如何表现的内在期待所引导的。



能促使儿童学习到社会道德准则的经历，显然和促进安全依恋关系的经历是有重叠的。这两种生命早期的经历主要发生在**家庭互动**的环境中。如果家人之间的关系是温暖的和互相支持的，那么他们很可能也是公平的、互助的和很少实施惩罚的。如果家人之间的关系充满敌意和虐待，那么婴儿的学习体验中也就很少会有公平和互助，反而可能会为攻击性行为做出示范。在有身体虐待的家庭中，婴儿可能会学着抑制天生的社会道德期待，转而怀有其他关于人际行为的期待。

很少有研究关注这些负面学习环境的影响，部分原因在于很难让这些家庭参与到研究当中。重要的是，这些对学习的影响在儿童**学会说话之前**就存在，所以它们的作用是很深远的。成长中的婴儿无法理解生活环境的特性。相反，家庭环境才是他们面对的**常态**。家庭所提供的早期学习环境对心理和社会发

15 展、智力发展，以及自我的内在工作模式，都有着极大的影响。

## 模　仿

婴儿看到他人的动作，也会了解到其中的心理动机。模仿他人动作的能力让婴儿觉得他人“与我相像”。镜像神经系统一类的大脑系统，不仅连接看见和做出某种动作，而且能判断“那看上去和感觉起来一样”。婴儿似乎会假设人是有**目的**的。如果婴儿能够理解一个人的目的，他们就能模仿一个不成功的动作，例如我们之前谈过的“将珠子放进瓶子里”的实验。婴儿还能够通过一个动作发生的场景进行有选择的模仿。在一个著名的实验中，婴儿看到成人在做一个他们从未见过的陌生动作。这个动作是用额头去打开实验用的面板灯。成人通过前倾并用头去触碰面板灯来将灯点亮。接下来，实验员将面板灯拿给婴儿玩。婴儿也会前倾并用额头去开灯。但是如果在婴儿看到的这个场景中，成人表现出很冷的样子并将手放在围巾里，那么婴儿就不会用额头去开灯。他们只会用手去开灯。这个实验和其他一些实验显示，还不会说话的婴儿也可以推测出人的心理目的。



这一类的实验表明，婴儿可以识别出他人的意图，会做相应的模仿。另外，婴儿不会模仿意外发生的行为。婴儿也可以区分，谁试图给他们玩具但失败了（因为无法从盒子中拿出来）和谁能够从盒子中将玩具拿出来却不给他们。这表示他们对成人动作背后**隐藏的意识状态**是有所了解的（重要的是，在两个场景中婴儿都得不到玩具）。相比于实验员没办法将玩具拿给他们

16 的场景，当实验员选择不给玩具时，婴儿会更多地伸手去够玩具

并会沮丧地拍桌子。这表明婴儿对心理上的因果关系有着天生的理解。另外，能够识别他人的意图对有效的学习是很重要的。如果婴儿只模仿他人有意图的行为，那么他们会学到很多重要的文化技能。

## 共同关注

模仿实验表明婴儿并非“什么都不懂”。婴儿并不是不知道人们行为背后隐藏的心理原因。虽然有的研究者仍旧否认这一点，但是看上去婴儿会在脑海中做出假设：他人的行为背后存在心理动机。婴儿还会将“看”解读为有意图的行为。从很小的时候开始，婴儿就会追随他人的目光。他们似乎知道，我们会去看东西是因为希望能从中得到信息。会爬的婴儿如果看到成人很兴奋地看着藏在隔板后的东西，就会爬到一个能够让他们也能看到成人在看什么东西的位置。到了差不多8—10个月大的时候，还不会说话的婴儿会尝试将他人的注意力转向某个有意思的东西。他们会用手去指。从发展的角度来说，有两种指——一种是当你希望他人把这个东西拿给你的时候，另一种是当你仅仅想要他人也同样关注到这个东西的时候。第二种指，到了10个月以后会变得非常频繁，因为婴儿开始想要影响另一个人的心理状态了。这种指带有**沟通意图**。有意思的是，如果没有出现这种指的行为，则可能是婴儿罹患自闭症的早期信号。

对一个物体进行**共同关注**是一项关键的发展进展。这清楚地说明儿童已经能够明白他人的心理状态。共同关注的目的是交流和分享体验。理论上，儿童通过指来获取他人关注的时候，

17 是在分享自己的心理状态（“我对这个有兴趣”）。这个儿童也同时展现出了对**规范行为**的了解（“这是**我们**会在心理上分享的东西，因为我们在同一个群体里”）。

也有人假设，共同关注是“自然教育”（一种传授文化知识的社会学习系统）的基础。一旦成人和婴儿对同一个物体有了共同的关注，他们便展开了围绕这个物体的互动。在这种互动中，照料者通常会将知识传递给儿童。这是一个适时回应的实例——婴儿对某个物体展现出兴趣，照料者回应，其中的互动能够促进学习。将**儿童的关注点**作为互动的起点，对有效的学习是非常重要的。当然，有技巧的照料者也会制造一些场景，让婴儿或儿童对特定的物体产生兴趣。这是有效的游戏学习法的基础。新鲜的玩具或物件总是有趣的。成人一直关注的物件，对婴儿来说也会很有趣——例如车钥匙和手机！



婴儿还会通过观察成人或其他儿童，来决定该如何应对陌生事物。这再一次显示出对他人心理状态的洞察力。这种观察，又称为“社会参照”，在多个实验场景中都出现过。例如有一组实验使用了一个长得有些吓人的机器人，这个机器人名叫“魔法麦克”。这个实验设置了一个共同关注的场景：当魔法麦克出现的时候，实验员告诉母亲要做出害怕或高兴的神情。母亲也配合恰当的语气说“多讨厌啊”或“多讨喜啊”（这两句话被刻意设计，听上去很相似，但婴儿却不常听到这样的说法）。在害怕的场景里，婴儿不仅没有靠近魔法麦克，而且变得不高兴了。而在高兴的场景里，婴儿的表现和“中性”场景里没有区别，在中性场景里母亲的表现是中性的。在高兴和中性的场景
18 中，婴儿都接近了魔法麦克并和它玩耍。

图2　婴儿在视觉悬崖上

儿童心理学中关于社会参照最著名的实验，始于20世纪60年代，利用了图2里的“视觉悬崖”。能够爬行的婴儿被放在了有机玻璃桌面上。有机玻璃的表面盖住了黑白相间的方格，方格在水平面上比有机玻璃的表面低很多。方格的大小各异，以营造出深度的视觉效果，看上去像是悬崖般陡然下沉。实验显示，婴儿会爬到“悬崖”边上，然后看向他们的母亲寻求指示。如果母亲的神情是担心的，多数婴儿就不会再往前爬了。

## 社会化的大脑

这些关于模仿、共同关注和社会道德期待的不同实验都说明，婴幼儿在很早期就开始发展对心理的理解。儿童开始理解他人心理状态的时间比传统中认为的要早很多。例如，弗洛伊 19

德认为婴儿不明白**自己和他人**之间的区别。他认为生理的出生和心理的出生并不相同。有些实验似乎巩固了这些关于早期"什么都不懂"的经典理论。例如，在镜子面前的动作并不总能显示，幼儿明白镜子中的是他们自己。一方面，实验显示，3—5个月大的婴儿能通过移动不同的身体部位和观察镜子里发生了什么来试探。另一方面，不到18个月大的儿童没办法通过"记号测试"。在记号测试中，一个红色的记号被悄悄地放在了儿童的脸上。测试的目的是观察，儿童看到镜子中的自己时是否会去摸脸上的记号。很多儿童都不会。这也许说明对自我的认知发展得很缓慢。但是这也可能和实验场景有关系，到目前为止，我们仍旧对此不是很清楚。

早期发展的心理意识中有一个关键要素，就是婴儿的照料者要将婴儿当作一个**社会伙伴**。照料者确实很可能会将婴儿的行为看作是有社交意义的，甚至比婴儿刻意这么做更早一些。人脑是社会化的大脑，因为人是群居动物。婴儿天生就倾向于和他人相处并保持社交的亲密度。



我们之前提到过，高质量的照料并不一定要来自亲生父母。关于日托的研究进一步证实了这一点。近期的实验运用了对压力（即肾上腺**皮质醇**）的客观测量方式，来测量还不会说话的儿童在不同的照料环境中感受到的压力。实验员测量了儿童唾液中的肾上腺皮质醇，皮质醇指数越高就意味着压力越大。在这些实验中，不论是在家还是在托儿所，儿童在高质量的学习环境中压力水平都比较低。在高质量的日托环境中，照料者给予关注和温和的刺激，这本质上就是敏感养育（即温暖的和适时回应的）。在这样的环境中，皮质醇水平很低。在低质量的学习环境中，照料者是具有侵犯性的、过度控制的和缺乏温暖的，儿童的皮质醇水平很高。无论照料者是亲生父母、保姆还是托儿所的护理员，结果都是这样的。

好的老师、保姆、日托照料者都可以成为安全依恋的对象。他们提供的早期学习环境和高质量的家庭环境非常相似。最好是能够让儿童在家和在托儿所都能体验到高质量的学习环境。近期的研究表明，如果高质量日托里的儿童和家人之间有安全的依恋，那么他们在日托内测试出的皮质醇水平是最佳的。 21

第二章

# 学习外面的世界

## 先天和后天

在可以说话和问问题之前，婴幼儿就已经通过看和听对这个世界有了惊人的了解。有些儿童心理学家认为，这种极快的学习之所以能实现，是因为某些概念或解析信息的方式是**天生的**。即便这种观点是错误的，婴儿出生时大脑里对这个世界没有任何先天知识，他们也确实对这个世界了解得非常快。另外，他们学到的信息似乎是“有限制的”。有些信息更容易被习得。例如，婴儿似乎特别容易就能明白因果关系。这也许意味着，外界的某些特定方面会**优先**被学到。内在的“学习限制”主导着这些优先次序，帮婴儿决定把关注给予哪些物品或事件。另一种可能性是，这种**学习限制**来自神经感官系统获得和处理信息的方式。例如，运动对于视觉系统是非常重要的。因此，也许早期对物体如何移动的关注，部分取决于当时的运动敏感神经元
22 （脑细胞）的数量，以及为了发展视觉系统所需要的刺激类型。

与之相伴的另一种可能性是，当成人和婴儿互动时，会极大地改变自己的行为。这些改变似乎能够促进学习。相比和另一个成人的互动，“婴儿指向性行为”包含较高的热情、与婴儿更近的距离、更多的重复和更长时间的对脸的注视。婴儿指向性行为也会采用简化的动作和更多的交替。例如，在一个有代表性的实验中，一位母亲被拍摄到在向婴儿展示一个物体，然后再向丈夫展示同一个物体。接下来，实验员让其他婴儿选择其中一段影片来观看，他们统统都选择观看有婴儿指向性行为的影片。这些自发的行为模式，也叫作“动作语”，因此被用来提升婴儿对正在发生的事情的关注。这种行为模式也发出了“这动作和你有关”的信号。这类实验说明，婴儿并不是被动的学习者。婴儿会**选择**关注某些动作，而不是简单地处理视线范围内的所有信息。

## 主动而非被动的学习者

研究显示从生命早期开始，婴儿看到的和听到的信息都在大脑中被归纳成了不同类型的知识。倾听和观看他人能教会婴儿他人的行为是怎样的（“朴素心理学”）。倾听和观看物体和事件能教会婴儿外在的物质世界是如何运行的。婴儿学到了物体是什么样的（例如坚硬的或有弹性的）、物体怎样运动，以及“自然物”（动物和植物）和“人造物”（人类制造出来的东西）之间的区别。关于物体的学习是“朴素物理学”，而关于自然世界的学习是“朴素生物学”。小婴儿已经在发展至少三种知识——心理、物理和生物知识，这三类知识在大学阶段还在继续发展。

确实，儿童心理学界一个流行的理论方向是将婴儿比作科
23 学家。据推测，婴儿和科学家都在用类似的方式学习。婴儿和科学家都会观察、实验然后得出结论。当婴儿反复地扔同一个玩具并让母亲捡回来时，他们是在学习因和果的关系（“我扔，你捡”）。他们也是在学习玩具掉落时的不同轨迹，并且还间接地学习了重力（“物体被释放后总会掉落，并且是直直地落下去”）。这种“婴儿如同科学家”的观点认为，婴儿对于这个世界的运行方式有着朴素的**理论**。这些理论被认为是建立在先天预期的基础之上的。

这种先天预期（或称引导学习的“原理”或“限制”）指的是类似“一个东西不能同时在两个地方出现”之类的预期。这些先天预期会通过学习（看、听、闻、摸、尝）得到进一步的细化。例如虽然一个东西永远不会同时出现在两个地方，但两个东西可以同时出现在同一个地方。如果一个物体在另一个物体里面，这就有可能实现（物理概念**包含**）。



当婴儿可以很好地抓住东西时，他们便迎来了物体学习中一个重要的里程碑。一旦婴儿可以独立操纵物体，学习就真正飞速开展起来。一组聪明的实验让非常小的婴儿（3个月大）戴上了“魔力粘手套”。结果确实显示，操纵物体的能力会极大地加速学习。通常，在没有协助的情况下抓握物体的能力会在第4个月左右开始发展。而“魔力粘手套”上面有粘扣，软的玩具会被粘在这些3个月大的婴儿手上。借此，小婴儿就可以尝试用玩具做一系列的动作。当看到成人伸手去够物体的时候，这些戴着“魔力粘手套”的婴儿比同月龄的婴儿更早地理解了这种动作。在实验对照组中，其他3个月大的婴儿仅仅是观看了

别人操纵同样的玩具。因此，**亲自**发起动作对有效的学习是很重要的。24

另一个重要的里程碑是能够在没有支撑的情况下坐起来。这通常发生在第4个月到第6个月。能够坐直使得婴儿可以扩大活动范围。例如，婴儿可以将物体转来转去或上下颠倒。他们可以感受质感，从不同的角度观看物体，将物体从一只手传到另一只手上（“婴儿健身房”里的玩具会给俯卧的婴儿提供类似的学习机会）。研究显示，“能自己坐”的婴儿很可能会认识到物体是立体的。

一个也许更加重要的成长里程碑是独立自主的移动。爬行及之后的行走使婴儿可以去他们想要去的地方。爬的时候很难将物体带在身上，但学着行走的婴儿可以携带物体。事实上，会走路的婴儿多数时间都在选择物体并将它们带去给照料者看。他们醒着的每一个小时，平均要花30—40分钟的时间和物体互动。虽然擅长爬行的婴儿可以比初学走路的婴儿移动得更快、更有效，但是婴儿仍挣扎着要学习走路。在西方国家，婴儿一般到了第11至12个月能学会走路，而且婴儿很勤于练习。实验显示，刚学会走路的婴儿每小时大约会迈出2 000步，足以走过大概七个足球场。如果每小时平均走700米，这就意味着，除去吃饭、洗澡的时间，多数婴儿平均一天能走5公里以上！



自发的运动对儿童的发展被认为是非常关键的。能够爬和走使得婴儿能够去**自己**想要去的地方。然后婴儿才能发起以物体为中心的社会互动。众所周知，婴儿想要去的地方包括了一些成人不想要他们去的地方，例如楼梯、壁炉和有插座的地方。研究确实显示，刚学会走路的婴儿甚至对哪条路能走都会做出

非常糟糕的判断。例如，婴儿会在陡坡的顶端犹豫不决很久，然
25 后仍旧倒栽葱地猛冲下去。或者，婴儿会在无法跨越的空隙边晃动他们的脚，然后无所顾忌地尝试并摔倒。即便如此，绝大多数的摔跤是**有益的**，能够帮助婴儿增加经验。研究确实显示，刚刚学会走路的婴儿每小时平均要摔倒17次。

从儿童心理学的角度来看，爬和走等“动作里程碑”的重要性在于它们使婴儿获得了更多的**主体性**（自发的和自主选择的行为）。就像科学家，婴儿现在可以开始干预事件的发展并看看接下来会发生什么了。“科学家般的婴儿”会做出不少令人恼火的事情，例如当家人在吸尘的时候将吸尘器的插头拔掉，在没人注意时乱按电视或影碟机的按钮，以此来尝试对环境做出改变。



## 记忆和关注

虽然小婴儿看上去对身边的世界一无所知，但事实上记忆和关注都是从很早的时候就开始发挥功能了。非常小的婴儿（6周之前）可能很难刻意地用眼神追随物体，但即便是新生儿也可以关注物体并且看到完整的视觉画面（而不仅仅是一团团的颜色和光线）。非常小的婴儿喜欢盯着有很多视觉反差的画面看。例如，他们喜欢盯着黑白相间的画面看，例如国际象棋的棋盘。正因为这个原因，有些婴儿床上的悬挂玩具会采用黑白相间的图案。一种可能性是，有着明暗最强反差的视觉画面可以刺激大脑的视觉系统，提高视觉能力。边缘检测和动态检测是视觉工作的核心。事实上，有时候小一点的婴儿可能很难**停止**关注某些物体——所谓的“眼睛粘上去了”。婴儿不能移动视线时，甚至有可能会哭。哭通常能解决问题，因为婴儿会被抱起来或

移动，这时注视就会被打断。 26

关于早期记忆和关注的一个很好的例子来自一些著名的实验，这些实验利用了婴儿床上的悬挂玩具。当婴儿仰面躺在床中时，会花很多时间踢腿。为了创造实验条件，实验员将丝带绑在了婴儿的脚踝上（见图3）。起初，丝带只是系在了架子上，所以踢腿不会带来任何影响。一旦这个踢腿的“基准”速度被获取后，实验员便将丝带绑在了一个有趣的悬挂玩具上。这个玩具会晃动并发出音乐声。婴儿非常快地学到了，提高踢腿速度会使玩具动起来。几天之后，婴儿被放回到有着同样玩具的床内。他们的踢腿速度被再次测量。尽管这次的悬挂玩具没有因踢腿而晃动，相比基准速度，3个月大的婴儿仍旧会踢得更快。这意味着，他们能够保留关于因果关系的**记忆**。



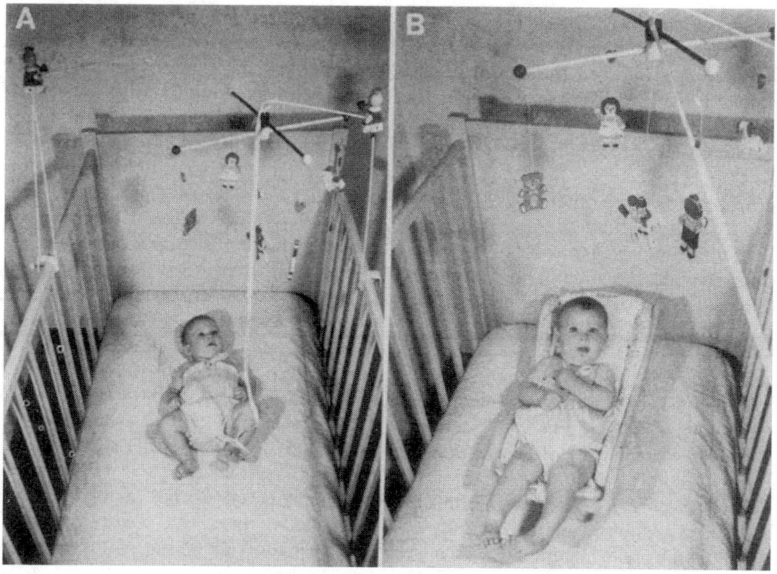


图3 利用床上的悬挂玩具来测试婴儿的记忆

实际上，额外的踢腿说明记忆仍然存在，可以持续长达两周
27 的时间。如果这种关联的“提示”再次出现（例如在将丝带绑上婴儿的脚踝之前，短暂地晃动悬挂玩具），这些小婴儿的记忆可以保持长达一个月。在悬挂玩具之类的实验场景中，“学习事件”（即通过踢腿来晃动悬挂玩具）是一个一次性的事件。婴儿只体验到一次，但是却学到了并且能记得住。在日常生活中，婴儿当然每天都会体验到关联或因果关系。因此婴儿的记忆可能比实验中表现出的更好。

关于早期记忆的持续，美国的一个研究团队做了一个非常具有说服力的实验。曾有一批儿童在6个月大的时候参与过一个声音定位实验，这个研究团队决定在他们两岁半的时候再将他们召回。在**声音定位**实验中，这些6个月大的婴儿曾被要求在黑暗中去抓一个会咯咯作响的大鸟玩偶[①]。两年后，这些儿童回到了同一个实验室，见到了同一位女性实验员，看到了一些玩具，包括大鸟。然后他们又要在黑暗中摸索。这些儿童对他们6个月大时的体验展现出了清晰的“内隐”记忆。对比其他在6个月大时没有这项体验的两岁半儿童，他们在抓大鸟时明显快很多，而且更准确。事实上，如果给他们一点点早期记忆的“提示”（在进入黑暗之前的半个小时，给他们听3秒钟的咯咯声），这些儿童在黑暗中抓取得还会更快。

这很好地证明了，长期记忆的形成最早是从6个月就开始的。和成人一样，如果有一些提示或线索，儿童在记忆任务中会发挥得更好。另一个表明内隐记忆存在的事实是，多数两岁半



① 大鸟是经典少儿节目《芝麻街》中的人物。

的儿童并没有因“在黑暗中摸索”而感到不适。相反，超过一半的对照组中的儿童（他们在6个月大的时候没有在黑暗中摸索过）并不喜欢坐在黑暗之中，并且会在实验结束前就要求实验停止。 28

## 跨通道感官知识和早期的数字概念

小婴儿也对物体有着多方面的认识。作为成人，我们通常可以通过观察就能够推测出一个物体的触感。例如，如果一个看上去像是石头的物体实际上是海绵，我们会感到惊讶。1个月大的婴儿似乎也能在感觉通道**之间**建立联系。有一个实验可以说明这一点，这个实验使用了一个表面有小疙瘩般凸起的奶嘴。实验员给婴儿两个可以吸的奶嘴，一个是表面有凸起的，另一个是光滑的。实验员确保在奶嘴被放进嘴里之前，婴儿没有看到奶嘴。这意味着婴儿只对奶嘴有过**触觉体验**。接着，实验员把两个奶嘴的图片拿给婴儿看。婴儿都更喜欢看他们刚刚吮吸过的那个奶嘴。吸过有凸起奶嘴的婴儿会盯着有凸起奶嘴的图片看，而吸过光滑奶嘴的婴儿会盯着光滑奶嘴的图片看。



事实上，有很多实验方式展现了婴儿对多感官的理解。在一个采用视频的实验中，实验员给了婴儿两种选择：观看两个或三个“说话的”头部。视频中会有两位或三位女性实验员看着婴儿，并做出说“看”的口型。同时，视频中两个或三个不同的声音在说“看”。这些声音通过一个中央话筒播放出来。当婴儿听到的是两个声音时，他们会看向有两位女性的视频。而当他们听到的是三个声音时，他们会看向有三位女性的视频。这个实验不仅体现出了婴儿对多感官的领悟，而且表明了他们对数字的理解——三比二要多。

另一个被认为是部分天生的认知系统是数字。例如，5个月
29 大的婴儿似乎就能够加减小的数字。在这些数字实验中，婴儿坐在父母的大腿上观看小舞台上所发生的事件。当他们看向空空的舞台时，一只手从侧面将米老鼠玩具放在了舞台中心。然后，舞台前的隔板升了起来，遮住了视线中的米老鼠。在婴儿观看时，这只手又从舞台的侧面出现了，并将第二个米老鼠放在了隔板后面被遮挡住的区域。隔板降下来时，婴儿会看到一个或是两个米老鼠。两个米老鼠是预料中的结果，但是一个米老鼠则是错误的，因为一加一等于二。如果出现的是一个而不是两个米老鼠，婴儿注视的时间会明显长很多。在这个实验的**减法**版本中，婴儿也做出了类似的反应。在减法版本中，两个米老鼠都被藏在了隔板后面，然后婴儿会看见一个米老鼠被拿走了。隔板降下来时，如果两个米老鼠都在，婴儿注视的时间会比只有一个米老鼠的时间长很多。这一“数字概念”的早期证据，被认为说明了存在着一个用来代表小数字的先天的大脑系统。在这类实验中，婴儿对于数字1、2、3的表现都很好。但这之后，他们似乎会将大的数字认作“很多”，并利用基于比例的一个近似系统来运算。这将在第五章中详细讲到。



## 物体之间的物理关系

婴儿似乎还对物体之间的物理关系有着非常精确的预期。这些关系包括**遮挡**、**包含**和**支撑**。测试这些预期的实验通常也是基于“超出预期”的范例来设计的。婴儿坐在父母的腿上观看小舞台上发生的事件。父母通常戴着眼罩和耳机，这样他们

便不会在无意间影响到孩子的反应。这类实验显示，当一个物体被它前面的其他物体遮挡或覆盖时，婴儿不会假设这个物体就此消失了。 30

在一系列著名的“超出预期”实验中，婴儿观看了一个隔板会自己转动的舞台（见图4）。隔板会从水平的位置开始转动，渐渐遮挡住舞台上的物体，然后一直转动直到碰到这个物体为止。如果舞台上有个木头盒子，相比隔板在碰到盒子后就停住（转动了120°），如果隔板能转动180°（不可能的情形），婴儿盯着看的时间会长很多。如果一个类似尺寸的海绵被放在舞台上，婴儿会预料到一定程度的压缩。如果隔板转过120°，他们并

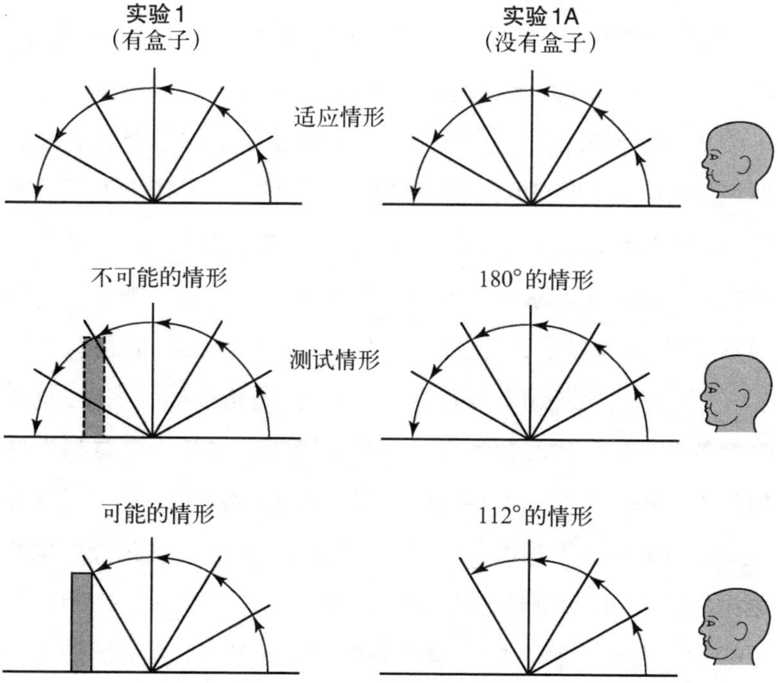


图4 超出“隔板无法穿透一个固体”的预期

不会一直盯着看。在两种情形中，婴儿都显然在预测，隐藏的物体仍旧存在。对婴儿来说，并非看不见就不存在。

另一组实验用到了在舞台上沿着轨道行驶的玩具车。在最
31 初的舞台布景中，玩具车在一段坡道的顶端，沿着坡道和舞台铺设了一条轨道。然后隔板升起来，遮挡住了部分的轨道。在婴儿观看的过程中，玩具车从坡道顶端开始移动。它行驶过坡道，然后沿着舞台短暂地通过了隔板背后再次出现，并一直行驶，直到从舞台侧面消失。在婴儿看过几次之后，隔板升了起来，并且有一个障碍物被放在了轨道上。接着隔板再次降下去，车被放在坡道顶端并开始行驶。如果婴儿明白隔板后面的障碍物仍旧存在的话，他们就不会期待玩具车的再次出现。相比车不再出现，当车再次出现时，3个月大的婴儿注视的时间都会长很多。这再次说明了，婴儿会认为隐藏起来的物体也仍旧存在。



从脑成像方法的发明开始，此类实验便增加了对大脑反应的记录（EEG，即脑电图）。脑电图测量的是，在环境事件的刺激下，脑细胞之间传递的低压电信号。在一个脑电图实验中，婴儿看着玩具火车驶入一个隧道但是并没有从另一端驶出。然后这个隧道被提起来，露出了火车。火车的出现是**意料之中**的——火车显然还留在隧道内。而有时，隧道被提起来时，里面是空的，尽管没有人看到火车离开了隧道。这是一个**意料之外**的消失情形。还有些时候，火车从隧道的一端驶入，从另一端驶出，然后隧道被提起来，可以看到里面没有火车。这是一个**意料之中**的消失情形。研究人员对比了婴儿在两种消失情形中的大脑活动。面对**意料之中**和**意料之外**的消失情形，大脑活动是相当不同的。因此，尽管在两个情形中婴儿都没有看到火车，而且

婴儿都在盯着同一个空的位置看，但大脑内的电信号呈现出的模式却是不同的。在意料之外的消失情形中，婴儿盯着看的时 32 间也明显长很多。这个实验表明，延长的观看时间确实说明了婴儿在**思考**什么。

## 搜寻行为

心理学实验之所以会想要确认对婴儿来说是不是“看不见就不存在”，是因为儿童心理学中有一个很有影响力的理论，即婴儿必须通过学习才能**建立**客体永久性的概念。让·皮亚杰（见第七章）认为，婴儿在18个月之前都不完全具备客体永久存在的概念。一个重要的实验测试了婴儿会在哪里搜寻物品。皮亚杰演示了，即便是10个月大的婴儿也会在找隐藏的物体时找错地方。在皮亚杰著名的“A非B”实验中，婴儿看到一个实验员反复地将一个很诱人的物体（例如一串钥匙）藏在一块布底下（“地点A”，见图5）。每次实验员藏好以后，婴儿都可 33 以把布掀开并拿走钥匙。然后婴儿再看着实验员将钥匙藏在一块新布底下（“地点B”）。令人惊奇的是，多数婴儿都会再次掀开地点A的布，因而没能找到钥匙。当隐藏地点是透明的盒子时，婴儿还是犯了同样的错。尽管在地点B的盒子里能够看见钥匙，婴儿仍旧会打开地点A的盒子。

心理学家提出了许多不同的理论来解释这种搜寻行为。一个是皮亚杰原创的理论，叫作**不成熟的客体知识说**。其他的理论包含**大脑不成熟说**——大脑各系统之间尚未成熟的连接会阻碍婴儿了解隐藏地点（地点B）及控制行为（把手伸向地点A）——和**动作持续说**（婴儿无法抑制地习惯性将手伸向地点

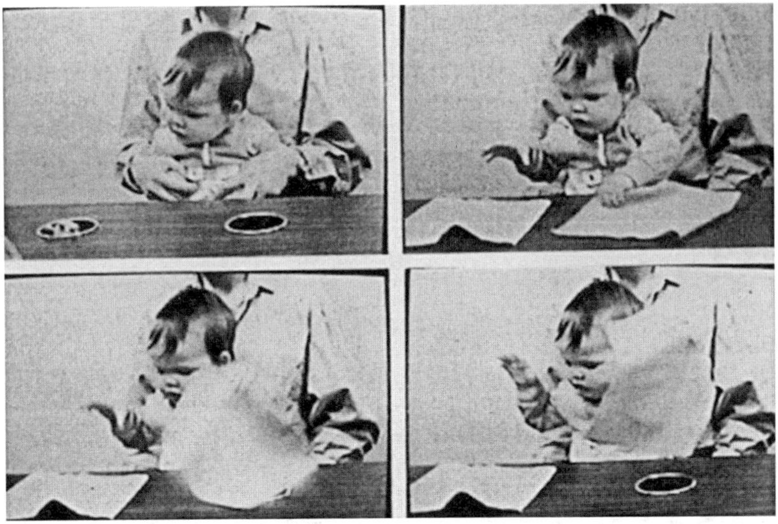
图5　在A非B实验中，婴儿注视着地点B，但仍在地点A搜寻



A）。但是，也许是其中最有趣的一个近期理论指出，在所有的实验中婴儿都是**活跃的社会伙伴**。在经典的A非B实验中，实验员会一边和婴儿进行眼神交流，一边说话（“你好，小婴儿，看这里”）。这种信号通常意味着“在这种情况中，我们这么做”（即将手伸向地点A）。为了测试这种“教学”说是否有效，实验员创造了一个“零社交的”A非B测试。测试中，在没有其他人可见的情况下，婴儿看到了A和B两个地点（实验员坐在了一块幕布后面）。一只手从幕布后面伸出来，反反复复地将物体藏在地点A。婴儿数次成功找到物体后，这只手再次出现，将物体放在了地点B。这一次，在地点B的第一次测试中，超过半数的婴儿成功地从新地点拿到了藏起来的物体。因此，在没有社交暗示并且只关注隐藏情形的**空间安排**中，婴儿就很少会去错误的地点搜寻了。

## 区分生物和非生物种类

婴儿的环境中有很多物体会移动并发出声音，但其中只有一部分有**主体性**——能自发地运动。例如，宠物会移动、发出声 34
音，并做有趣的事。车也会动、发出声音，但并不能自己决定何时开始移动。事实上，和动作有关的所有物理线索都显示了某个东西是否有主体性。婴儿在发展的早期就能发觉这些线索。

一组相关的系列实验采用了“光点”演示。光点演示开始是利用人来制作的。实验员将小小的光点粘在主要的关节和头部，然后拍摄人们在黑暗中穿着黑衣服移动（见图6）。这些光点的运动使得观看影片的成人能够看出人们在走路、跳舞、做俯卧撑或骑自行车。甚至性别也可以通过光点的运动显示出来。以婴儿为对象的光点实验显示，婴儿也能够区分走路和随机的移动，还能分辨头下脚上的走路。他们还可以区分生物和非生物种类，例如狗和车。在狗和车的实验中，一些3个月大的婴儿看到了狗和车的照片，这些照片提供了丰富的视觉特征信息。婴儿可以很容易地区分这两种照片。另外一些婴儿看到的是车的**运动**或狗的**运动**。尽管没有其他的视觉特征，这些婴儿同样可以成功地区分狗和车。因此，**运动的类型**是区分生物和人造物（例如车）的一条重要线索。



另一个方法利用“依次触摸”来表明，婴儿可以区分“自然物”和人造物。可以坐起来并操纵物体的婴儿在触摸东西时并不是不加区分的。相反，他们的触摸是有条理的。在一次演示中，12个月大的婴儿拿到了一大套玩具，其中一半是玩具汽车，
另一半是玩具动物。这些婴儿依次触摸同一类别玩具的次数非 35

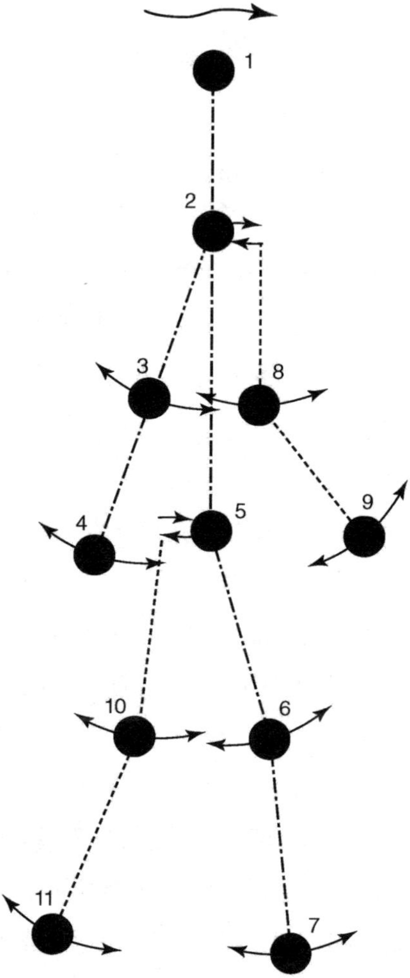


图6　一个走路的人在做光点演示



常多。甚至当玩具的外形很相似时，同样的“依次触摸”现象也出现了。在一项研究中，实验员制作了和玩具家具外形相同的木质玩具动物。玩具家具上绘制了像眼睛一样的图案。但即便如此，婴儿对不同玩具的表现还是不同的。例如，如果婴儿拿到

的是一系列的玩具动物，然后再拿到一个玩具家具或一个玩具 36
动物，他们会花更长的时间来研究玩具家具，而不是和家具形状相同的动物。这类实验说明，婴儿可以根据已有的知识来将物体**分类**。

## 新兴的“本质主义”理论

从理论上说，这些研究推广了一个观念：即便是婴儿也会得出关于这个世界是如何运行的“理论”。大一点的儿童（两三岁）和婴儿一样，也会使用比外在表象更深刻、更接近物体本质的特点来对物体进行分类。例如在一个很著名的实验中，两岁的儿童看了一系列图片，图片描绘了常见的、住在鸟巢里的鸟（知更鸟、麻雀、画眉）。然后他们看到了一只不那么熟悉的鸟（例如渡渡鸟）的图片，这种鸟长得甚至不太像鸟。接着，他们被问道：“它住在鸟巢里吗？”儿童判断这只渡渡鸟也住在鸟巢里。当看到一张翼龙的图片（看上去像鸟，但实际上是恐龙）时，儿童判断它并**不**住在鸟巢里。因此，他们的分类行为并不完全依赖于外表特点。相关实验也显示，即便是幼儿也早就学到了一些关于种类的**基本原则**，并且会根据这些原则对自然世界进行归类。这些理论可以被笼统地称为“心理本质主义”。这些基础原则或本质特征会引导儿童之后的发展。

根据本质主义理论，幼儿发展出关于生物的概念时，通常会**超越**可以观察到的外在特征。幼儿会注意到因果关系，他们会搜寻因果解释，来帮助他们理解世界是如何运行的。这种“将儿童比作理论家”的说法也揭示了儿童将人造物品归类时所依据的原则。物体的运动和功能同样重要。人造物品（例如家具）

37 是专门被设计用来实现特定功能的。因此，儿童会将许多外表非常不同的东西分在一类，例如“包”或“椅子”。只要一个人造物品能实现一个包或一把椅子的功能，那它**就是**一个包或一把椅子。幼儿不会指望人造物品能长大、自己动或生孩子。但是，他们会期待生物（例如狗、兔子或苍蝇）能做到这些。即便是4岁的儿童都能说出，椰子会自己改变颜色，但是吉他不会自己弹奏。理论上说，通过观察和学习，基于搜寻使事物相近的隐藏特征（**本质主义偏见**）的先天倾向，儿童会发展出对自然原因的理解。

## 多感官知识的重要性



4岁的儿童在面对各种信息时检测规律的能力能帮助他们有效地学习。通常，物体的运动或自然物的外表，都遵循一定的规律。例如，汽车的典型运动会遵循在一条直线上保持匀速的规律。而一条狗或一只苍蝇会随机地四处移动，随意改变路线或速度。视觉信息通常会伴随相应的声音（发动机的声音通常是平稳的，而嗡嗡声或跑步声通常是不平稳的），也可能会伴随味道，有时还会伴随触觉信息。即便是两个月大的婴儿也能够探测到视觉或听觉规律。在一个关于**统计学习**的实验中，婴儿在电脑屏幕上观看了一系列彩色的几何图形。这些图形并不是随机，而是成对出现的（例如，一个蓝色的十字之后总是一个黄色的圆圈）。婴儿不仅学到了熟悉的形状，而且学到了成对出现的规律。

这种演示（婴儿和儿童从中可以探测到特征或事件中的统计关系）揭示了一个强大的学习机制。统计学习使得大脑可以

学到任何事件或物体的统计**结构**。因此，大脑可以学到潜在的， 38
甚或是隐藏的关系，这些关系也可以被称为“自然原因”。统计结构的学习都是多感官的。例如，当儿童学习鸟类的时候，他们会了解到鸟类体重很轻、有羽毛、有翅膀、有喙、会唱歌、会飞翔，这些特征都会一起被了解。儿童看见的鸟也许会有些不同，但是每只鸟都有这些特征，例如会飞翔、有羽毛、有翅膀等。因此，每次独特的体验都会激活觉察飞翔动作、羽毛质地、叫声等的脑细胞。这些脑细胞因听见、看见和触摸鸟类而被激活，它们之间产生的连接被这些共同的特征反复强化，因此创造出针对这个特定概念的**多模式神经网络**。这种网络的形成取决于每天的经历，经历越多样化，网络就会越丰富。这一学习原则为托儿所和小学中多模式指令和积极体验教学法的使用提供了依据。



确实，利用**功能性磁共振成像**的成人脑成像实验（fMRI——这项技术测量大脑中的血流量并识别出哪些大脑区域最为活跃）显示，即使只是读到一个概念的名字，和体验这个概念相关的所有感官系统都会被同时激活。例如，读“踢”这个词会激活运动系统中我们踢腿时会用到的脑细胞，即便我们读的时候腿并没有移动。因此，关于概念的知识是**分布**在整个大脑中的，而并不是分开存储在一类概念“词典”或特有的知识系统中的。多模式体验强化了整个大脑的学习。相应地，**多模式学习**对幼儿而言也是最有效的学习方式。如果学习环境提供了丰富的多感官体验，老师则能够使这些自然学习和发展机制的效用达到
最大化。 39

第三章

# 学习语言

语言是儿童发展中的一个关键要素。当婴幼儿通过物品对这个世界进行大量学习的同时，他们很少会在完全沉默的状态中操纵物体。通常婴儿会发出声响，并将物体递给成人或大一点的儿童。玩耍时，成人会自然地把物体的名称告诉儿童，并且还经常提供额外的相关信息。当成人一边指着一边说出一个新事物的名称时，婴儿学习词汇的速度最快。确实，婴儿的大脑似乎准备好了要快速地学习新的词汇。15个月大的儿童，听**一次**新词就能准确地学会了。有些研究显示，两岁儿童每天都能学会10个新词。大脑中惊人的语言功能促成了这样的学习。

## 儿向语

婴儿能轻易学会语言的原因之一是，我们会用一种特别的方式和他们说话。我们用儿向语（IDS）或**父母语**。就像在第一章中提到的，儿向语似乎是人类生理上预先设定的程序，而且成人和儿童都在使用。儿向语有一种“歌唱式的”语调，会提高音调、夸大词长、用额外的重音、夸大言语中**韵律**或**音韵**的部分。确实，对语言韵律的敏感被认为是语言学习的一个关键前提。40 不同的语言通常会有不同的韵律特点。例如，阿拉伯语和法语在韵律上听起来是不同的，法语和俄语又有所不同。吮吸实验显示，刚出生4天的小婴儿就能够区分法语和俄语，这种区分似乎依赖于语言的韵律。

儿向语中韵律或音韵的夸大有几个可以促进语言学习的重要特征。首先，提高音调会着重突出声音线索，表明词的**开始**和**结束**。尽管我们都将一段话看作一系列的词，但实际上它是一连串不间断的声音。我们知道这段声音中哪些是独立的词，因为我们学过了这些词。但如果是一种陌生的外国语言，我们就很难将一个个词挑出来。例如，大约90%的英语双音节词都有“强弱”（或“轻重”）的韵律规则，例如BA-by，BOTT-le和COOK-ie。在儿向语中，一个强弱模式的第一个音节会被格外强调，让婴儿知道这个词从**这里**开始。婴儿会学到这种强弱**重音模式**是英语双音节词的特征，所以他们会开始期待一个词是由着重的音节开始的。如果生词不符合这个规律，婴儿会错误地将它分段。例如，实验显示，当7个月大的婴儿听到Her guiTAR is too fancy这句话时会假设taris是一个新词。而10个月大的婴儿则不会再犯这种分段的错误。

儿向语的另一个作用是获取关注。婴儿喜欢儿向语，所以他们会专心去听。实验显示，即使是新生儿，对儿向语的喜好都会大过成人指向性言语。尽管我们也会对外国人说话更大声并且使用夸张的音调，但我们并不会使用同样夸张的韵律。相似地，尽管我们似乎会对宠物使用儿向语，但对所谓“宠物语”的

声音特点的详细分析显示，宠物语和父母语是相当不同的。宠物指向性语言并不包含儿向语中夸张的音韵曲线，而且不包含
41 发音特别清晰的元音。因此，在获取关注的同时，儿向语强调了能够促进语言学习的**关键语言线索**。

儿向语的最后一个特征是突出了新的信息。在一项研究中，母亲要向婴儿读绘本，研究人员测量了哪些词被强调得最多。在76%的情况下，新词获得了主要的强调。当新词出现第二次的时候，在70%的情况下它们会被再次强调。当母亲将这本书读给另一个成人听时，这个现象并没有出现。类似的情况出现在了不同的文化中。母亲和其他照料者都没意识到他们在用儿向语教婴儿新的信息，但他们确实是这样做的。



## 声音模式的统计学习

除了可以促进语言学习的韵律和声音线索，婴儿对语言的**统计**线索也很敏感，这些线索能告诉他们哪些声音在一起可以组成词汇。例如，a、n、t的发音会以ant的顺序出现的概率要远远大过atn。确实，没有英文单词是以atn的组合结尾的，尽管在连贯的言语中确实可能出现这样的发音（例如词组at night）。因此，从统计学上说，n和t的发音更容易在同一个词里相邻出现。t和n相邻出现时很有可能是在**不同**的词里。统计学习也会发生在其他的感官系统中，而且就语言学习而言，并不需要太多的语言输入。就语言学习而言，听了两分钟的陌生音节之后，8个月大的婴儿就能识别出哪些声音元素会相邻出现。例如，如果他们听到一段持续、单调的读音bidakupadotigolabubidaku，他们会意识到bidaku出现过，而dapiku则没有。有趣的是，如果音

节是被唱出来的，或言语的音韵线索吻合统计范围（就好像是在自然言语中一样），统计学习会更加有效。因此，正在学习语言 42 的婴儿会同时对多种语言线索表现得很敏感，这对高效的学习是有帮助的。

## 对母语发音的敏感

世界上有超过6 000种语言，但是无论什么语言（一种或多种），只要是从出生起就开始接触的，婴儿都能学会。他们怎么知道哪些声音属于自己的母语呢？大多数婴儿自出生起就在学超过一种语言（世界上90%以上的人口会多种语言），但是仍旧有很多语言是**没有**学到的。为了分辨哪些声音需要学习这一“学习问题”，婴儿的大脑似乎在最开始对世界上不同语言中**所有的**发音都很敏感。通过生命第一年中的声音学习，大脑会着重关注婴儿所听到的语言中的发音。

这叫作**分类知觉**。例如，我们可以想想p的发音和b的发音。在发出这两种不同的声音时，我们发声器官（例如嘴唇）的动作是一样的。当我们说p和b的时候唯一的不同是，声带的震动频率和被嘴唇阻断的气流。虽然不同的人在说b的时候，声带的震动和气流的阻断会有所不同，但是对听的人而言，我们可以**明确**地听出这是p还是b的发音。很多不同的b的发音听起来都会是b，而气流阻断中的轻微变化则可能会让声音突然听起来像是p。婴儿从1个月大开始就能像成人一样听出这种“类别界限”。事实上，很多不同种类的动物都可以区分类别界限，包括栗鼠、虎皮鹦鹉和蟋蟀。虽然这些动物不能说话，但是它们的大脑似乎会对语言刺激的不连贯做出反应，而不需要知道所听到的是哪一种语言。

即便这样，在生命的第一年中也有很重要的学习。例如，
43 印度语在d和t之间还有第三种发音，而不像英语只有d和t。印度的婴儿和英语国家的婴儿在一岁前都能听得出这三种发音。但是，如果母语不要求对这第三种发音的敏感，婴儿就会逐渐失去这种敏感。因此，大约一岁以上的英语国家的婴儿就无法再区分出这第三种发音了。而印度的婴儿能够继续做出区分。有些声音元素可以通过唇形辨识。你可以不出声地念box和vox，你的嘴唇会变成不同的形状，而婴儿对这些不同的形状是敏感的。一岁以下的婴儿对不同语言中所有唇部可见的分别都是敏感的。但是，随着不断学习，这种视觉的敏感度会逐渐下降。例如，在西班牙语中，b和v的区别不会改变词的意思。写法不同的西班牙语词汇，比如VASO和BUENO，都以同样的发音开始。有时候，拼写方式会有不同，例如CEVICHE和CEBICHE。相应地，在学习了一年西班牙语后，西班牙语国家的婴儿就不再能通过唇形来区分b和v，同时在听觉上也停止去做类别区分了。



最后，和照料者的社会互动似乎对类别学习有特别的重要性。婴儿不能通过看电视学到关键的发音元素。这在一个聪明的实验中得以验证。这个实验将说中文普通话的研究生和说美式英语的婴儿配对。研究生和婴儿一起玩了玩具，在整个过程中说的都是中文。通常，平时听不到中文普通话的婴儿就会丧失对只出现在普通话而不出现在英文中的发音的敏感。但是，如果婴儿每天和说中文普通话的人互动，他们便能够记住发音的不同。这些玩耍时间被拍摄下来，另一组婴儿会在电视

上看到这些说中文普通话的研究生。拍摄从婴儿的视角出发，所以看上去是这些学生在电视里拿玩具给婴儿。当婴儿入迷地看着视频并不断触摸屏幕时，这些“电视婴儿”并不能记住中文的发音。因此，即使“电视婴儿”也接触到了**同样多**的听觉和 44
视觉信息，因为没有成人现场的互动，所以他们并没有能够进行学习。

## 婴儿在说什么

从很小的时候开始，甚至在能说话之前，婴儿就是对话的积极参与者。并非所有的发声都像言语一样，而且0—2个月大的婴儿在交流中更多的是制造出许多嘟哝的声音。但是，他们也会制造接近元音的“舒适的”声音，像是在讲话一样。在2—3个月大左右，他们开始发出一系列像是讲话一样的“咕咕的”声音，紧接着就会出现所谓的“牙牙学语”。牙牙学语（大约在3—6个月大时）并不涉及成熟的音节，但是婴儿会发出“原型音节”，其中包含颤音和尖叫声。大约从7个月之后，我们就能观察到完整的咿呀语。这时婴儿会发出重复的、可识别的音节，像是“哒哒哒哒哒”和“妈妈妈妈”。这些成熟的音节此后会像积木一样搭建词汇。

早期的发声一部分取决于**发声器官**的功能性，包括舌头、喉咙和嘴唇等，我们需要运用这些器官将声音塑造成语言。的确，婴儿虽然在学习着不同的语言，但他们似乎会以同样的顺序发出同样的声音。这种顺序似乎取决于这些声音是否容易**发出**。相比摩擦音f，b和p这样的声音与m和n这样的鼻音要更容易发出，所以p和b较早出现。先天失聪的婴儿也会牙牙学语。但是，失聪婴儿的牙牙学语出现得要比听力正常的婴儿晚一些（大约在11—25个月之间），而且他们的牙牙学语听上去会不一样，并不像是在讲话。有趣的是，生活在**手语环境**中的失聪婴儿在牙牙学语时会用他们的手。他们会做出独特的手部动作，这些
45 动作在听力正常的婴儿身上是看不到的。这些失聪婴儿的手部动作模仿了自然**手语**的节奏。因此，失聪婴儿似乎也是在学习手语中最初步的**韵律**。听力正常的婴儿则在学习口语中最初步的韵律——音节。

虽然不同文化中听力正常的婴儿最早发出的声音是很相似的，但他们所发出的韵律结构却大相径庭。记录不同文化中6个月大婴儿发音的实验显示了这一点。这些婴儿都还太小，还不能说出任何可以被识别的词。但即便这样，成人听录音时，可以很轻松地分辨出属于自己文化的孩子。例如，法国人可以听出咿咿呀呀的婴儿中哪个是法国人。这些婴儿中还有阿拉伯语和粤语文化中的婴儿。事实上，不同文化中婴儿发出声音的**频率**也会不同。例如，法语中出现b、p、m的频率要高于英文。因此，相比英国婴儿，法国婴儿会更多地发出这一类的声音，即便在这两个文化中这些声音都是很早就出现的。

## 迟语者

幼儿能说出多少话，存在着巨大的个体差异。有一个基于**麦克阿瑟－贝茨沟通能力发展问卷**的实验对此进行了测量。这张问卷原先是基于说美式英语的儿童最早开始说的几百个词和词组，例如“妈妈”“爸爸”“拜拜”和“都没了”。这张问卷现在已经被翻译成二十多种语言。父母完成问卷，标出他们的孩子

知道多少个词，然后在孩子达到不同年龄之后再次填写。这些研究显示，说不同语言的幼儿最早学会的几个词很相似。研究还显示，理解和说话的发展时间，也有着相当显著的跨文化相似性。研究同时显示，说同一种语言的儿童之间存在着很大的**个** 46
**体差异**。

例如，说美式英语的婴儿在16个月大时的词汇量（最常见的词汇量）是55个词；到了两岁，大约是225个词；到了第30个月，是537个词；而到了6岁，就已经超过了6 000个词。但有些儿童到了两岁的时候也还没有说过一个词。这种“迟语者”中有一半到5岁时语言发展完全正常，另一半会继而出现明确的语言障碍或其他发展疾病，例如自闭症。不幸的是，研究尚未发掘出能够用来识别两种迟语者的关键点。但是，自闭症的其他危险信号是已知的，其中包括缺乏对交流意图表示理解的行为，这在第一章中提到过。如果说话迟伴随着对名字不太有反应、逃避直接的眼神对视，并且不会用指的方式获取关注，那么患有自闭症的风险就会增加。



## 肢体动作的作用

婴儿还会使用肢体动作将他们想要沟通的事情表达得更加清楚。有些肢体动作的意思几乎是全球通用的，比如挥手说再见。婴儿很早就开始使用这类肢体动作。在10—18个月大的时候，婴儿开始频繁使用肢体动作，并且在沟通中用得很多。10个月大的婴儿使用的肢体动作至少有四种。一种肢体动作是要去引导照料者的行为，例如指向一个想要的玩具。另一种肢体动作能表达出情绪和表情，例如摇头代表“不要”。有些肢体动作会涉及物体，例如，转门把手表明想要出去，或将电话放在耳朵边。最后，婴儿还会做些肢体动作来创造共同的话题，例如，用手指将他人的关注转移到共同感兴趣的物体上。正如第一章中
47 所提到的，这种肢体动作（用手指物以引起他人关注）特别能预示语言的发展。在18个月以后，肢体动作的运用开始减少，因为发声成为了主要的交流手段。

对婴儿及其肢体动作的观察告诉我们，相当复杂的意思可以用很简单的动作来表达。例如，在一项观察研究中，比利想要告诉母亲，她应该选一本书来共读。比利和母亲面前有一摞书。比利的母亲说："比利来选一本。"比利摇摇头，说"不要"。然后他一边说"妈妈"一边将母亲的手放在这摞书上。意思是，比利不想选书，他想要母亲来选。



## 早期的词汇学习和输出

在大约在第18个月，多数儿童已经能频繁地说话了。确实，一个关于语言发展的理论提出，在18个月左右词汇量会飞速增长。有研究人员认为，儿童突然开始说越来越多的词是因为他们明白了词代表**事物的名称**。但是细致的纵向研究则显示，多数儿童并不会在18个月左右经历这样突如其来的"命名高潮"。相反，儿童早在4个月大的时候就理解了第一个词，至少根据现有的实验测评来看（也可能更早）。儿童能理解的第一个词通常是自己的名字。

在不同的文化中，幼儿最初**输出**的词汇也有一定的相似性。麦克阿瑟–贝茨沟通能力发展问卷告诉我们，幼儿会说出游戏和日常活动的名称（"躲猫猫"）、食物和饮料的名称（"果汁""饼

干”)、动物的名称和叫声(“汪汪”)、玩具的名称以及衣服和婴 48
儿用品的名称(“奶瓶”“围兜”)。在大约18个月大的时候,多数儿童进入了输出两个词的阶段,这时他们开始将词组合起来。通过运用简单的结构,例如“蜜蜂窗户”和“枕头我!”,幼儿能够表达出相当复杂的意思(“窗户上有个苍蝇”和“用你的枕头来打我!”)。在这个阶段,儿童经常用一个已经知道的词来指代很多还不知道名称的事物。他们也许会用“蜜蜂”来指代其他不是蜜蜂的昆虫,或用“狗”来指代马和牛。实验显示,这并不是词义上的混淆。幼儿并不认为马和牛是一种狗。只是他们的词汇量有限,他们想用有限的词汇量来尽可能灵活地表达和沟通。

另外,在输出两个词的阶段,哪些词会被组合在一起,在不同文化中也有很多相似之处。幼儿会将词组合起来以引导对事物的关注(“看狗狗!”)、表明所有权(“我的鞋”)、指出事物的属性(“大狗狗”)、表示复数(“两块饼干”),以及表明事物的再次出现(“又一块饼干”)。他们还会将词组合起来表示消失不见(“爸爸拜拜”)、表示反对(“不洗澡”)、说明地点(“婴儿车”)、提出具体要求(“要那个”),以及表示谁应该做出动作(“妈妈做”)。只有在儿童学到语法的时候,不同语言之间才会出现一些分化。这大约是因为不同的语言用不同的语法形式来组合词。



## 概念预期

婴儿能很轻松地学会词汇,原因之一是他们对于人们所用的词有**概念预期**。换句话说,他们似乎已经明白了,词汇是事物

和动作的标签。婴儿似乎还会预期，词汇不仅是单个事物的名称，而且可以是一类事物的**统称**。事实上，我们如果研究成人怎
49 么向幼儿提起物品的名字，会发现我们通常用“基本层面”的类别来称呼。我们会用类似“车”“狗”“树”一类的标签，而很少会说到车、狗、树的**具体种类**。我们也很少会用“上位”词，例如“机动车”和“动物”。成人的自然倾向是用基本层面来谈论世界，这一倾向在理论上和实体之间的知觉相似性有关。例如，某一种狗在外表上会更接近其他种类的狗，而非马，尽管狗和马都是有四条腿的动物。某一种小汽车在外形上更接近其他种类的小汽车，而非卡车，尽管小汽车和卡车都是有轮子的机动车。当然，相比和马的相似程度，小汽车和卡车更接近。一个关于物体分类的心理学理论称，这些**以知觉**或**外表为基础**的相似性通常和重要的结构相似性有关联。例如，狗和马都有腿，因为它们都是有生命的，而且可以自主活动。小汽车和卡车都有轮子，因为它们都是人造的，而且轮子可以使它们移动。根据这个观点，父母的这种命名方式强化了实体之间最相似的知觉层面——“基本层面”。



另一个重要的预期是，婴儿认为成人在说事物的名称时是**诚实**的。如果婴儿身边的成人都会故意给事物贴错误的标签，那么婴儿学习语言会相当困难。毕竟，“猫”这样的标签仅仅意味着“有胡须和尾巴的动物”，因为我们这个文化中的人都基本认同，这个发音对应的是这一特定种类。“我们”有一个共享的信念体系，即所有说话的人用“猫”这个发音传递的信息都是关于猫的。婴儿会习得这种规范。例如，在一个实验中，16个月大的婴儿坐在照料者的腿上，观看“鞋”和“猫”之类熟悉事物

的照片。照料者戴着眼罩，以防他们无意识间影响婴儿的行为。每张照片出现的时候，实验员会给出名称（“鞋”“猫”）。有时实验员会故意给出错误的名称，例如将一张鞋子的照片说成是“猫”。错误的名称让婴儿变得非常苦恼。所有婴儿都试图纠正 50
实验员，他们要么自己说出正确的名称，要么摇头或指向自己的鞋子。有些甚至试图要拿走照料者的眼罩来寻求帮助，还有的会开始大哭。这些都让我们回想到在第一章讨论过的语言学习**沟通意图**的重要性。名称不仅仅是名称。它们还能反映说话者的**意向状态**。

## 语言影响



在对“词和世界之间”的关联有着概念预期的同时，婴儿还会受到特定环境对语言运用习惯的影响。这在我们谈到事物分类的基本层面时已经涉及过，但是语言影响对概念生成的作用远远不止这些。实际上，我们所用的词影响着我们如何思考和感知这个世界，发生在成人和儿童身上的相关例子均有记载（萨丕尔-沃尔夫假说）。一个有名的例子来自沃尔夫的原创性工作。他记录道，一个汽油桶如果被描述为“空的”，会让人觉得它是无害的。但事实上，这个桶仍旧残留了易燃气体，即便桶里没有任何汽油。将这个桶标记为空意味着，如果有人将烟蒂丢弃在里面，随之而来的爆炸可能会让人非常意外——桶确实是“空的”呀。类似地，不同语言环境中长大的婴儿概念中的世界可能会因为语言习惯的不同而被塑造成不同的样子。

在关于语言学习的研究中，有一个很不错的例子来自空间概念。在类似英语的语言中，in一词对应的是**包含**关系——一些东西在另一些东西的“里面”。英文单词on对应的是**支撑**关系——一些东西在另一些东西的“上面”，例如“杯子是在桌上的”。杯子被桌子在水平面上支撑着。但是，英文单词on还强
51 调了在垂直面上对一个表面的依附。冰箱贴在冰箱的“上面”，或者门铃在门的“上面”。这和西班牙语不同，西班牙语中的en指的是以上三种空间关系。这和荷兰语也不同，荷兰语中的每一种空间关系都用单独的词来表示。有些语言学家认为，不同语言中表示空间关系的词会影响儿童的空间概念。但是多数语言影响方面的研究使用的都是简单的概念，例如颜色，而并没有考虑到学习语言的儿童。感知和记忆颜色似乎不太会被语言标签所影响。在英语中只有一个标签的颜色，在其他语言中可能有很多个词来表示。其他语言中有不少颜色标签，在英语中是完全不存在的。尽管有些实验确实显示了颜色词对颜色感知和记忆的影响，但这种影响通常很小或者仅存在于当下的情景中。因此，尽管语言使用习惯肯定会影响儿童的语言发展，但相关的实验很难设计。



## 语言作为符号系统

“猫”这样的标签本身并没有什么内在意义，却因使用方面的**文化规范**而获得了意义。这个事实意味着，词是“符号性的”。它们和它们所指代的事物本身并没有内在的联系，但是它们有着象征性的联系——它们代表着它们所指代的事物。因此，词是给我们的经历编码的符号，**象征**日常生活中的概念和事件。这使得词在心理发展中格外重要。一旦你知道了词，你就可以**在大脑中**操纵符号，从而得到新的理解。你可以用词把你的知

识传授给他人。俄罗斯儿童心理学家利维·维果茨基将人类的语言称为一个“符号系统”，一项人类文化发展，它使知识的符号表征成为可能（见第七章）。维果茨基认为，语言是一种用来组织认知行为的心理工具。一个人不仅可以用符号来和另一个 52
人交流，而且可以在自己的脑袋里和自己对话。语言使我们可以思考我们所知道的、所计划的和所要解决的问题，可以改变我们的理解。因此，语言对心理发展有着变革性的影响。

变革性的影响之所以会发生，是因为语言使得儿童可以反思自己的理解。用心理学术语来说，儿童可以通过探索自己的想法，反思自己的认知过程。这被称为“元认知”。儿童还可以用语言去探索自己的情绪、感受和行为。用心理学术语来说，他们可以用语言进行“自我调节”。能够用语言充分梳理一种令人苦恼的情绪反应或一件造成了意外结果的事情，这有助于更好地理解，还有助于避免意外事件的再次发生。即使是幼儿也会用语言来调节自己的行为和情绪反应。语言学习中的个体差异确实和儿童是否能有效地控制自己的感受、动作、行为有着重要的联系。



## 语　法

不同人类语言特有的语法是相当复杂的。因为语法结构的复杂性，长久以来人们认为语言学习是独特的。事实上，有人（例如语言学家诺姆·乔姆斯基）认为，婴儿天生就有一个语言学习机制，或内在的**通用语法**。这种特别机制意味着，婴儿天生就做好了学习语法结构的准备，而其他物种是没有这种准备的。近期有研究人员认为，第二章中提到的文化学习和一般的学习

53 过程（例如统计学习和类比学习）足以支撑语法学习的发展。听到身边人的独特表达后，婴儿用一般的学习机制去提取词语组合背后的结构规范，即我们所说的语法。因此，婴儿会通过聆听来**构建**语法知识，而周围人的反馈也会为此提供帮助。

儿童开始将越来越多的词组合在一起时，会尝试不同的语法可能性，有时会犯很显而易见的错误：We goed to the park[①]或It’s very nighty ![②]（望向外面的黑暗时）。研究显示，成人会很自然地纠正这些错误。他们不会直接纠正（他们不会说No，we say *we went* to the park）。在和儿童的自然对话中，母亲和父亲会将儿童的说法**重新表达为**语法正确的形式（That’s right, we went to the park yesterday）。在2—3岁之间，儿童的日常对话中会出现越来越多抽象的结构。儿童对正确**对话**中词的顺序和他们所学语言中的句法会有越来越深的认识。儿童会通过**使用**语言来学习语法。

迈克尔·托马塞洛是一位重要的研究语言学习的理论家，他将儿童的语法学习称为“找规律”。儿童会学到一个规律（例如主谓宾），然后不断地重复（“爸爸割草”“母亲购物”“大狗追猫”）。观察研究确实显示，某些语法结构，幼儿一天能听到上百次。“看……”“这是……”“你是不是……”之类的结构，大约占了（中产家庭的）幼儿每天听到的5 000—7 000句话中的三分之一。儿童逐渐长大，会注意和使用的抽象语法形式变得越来越复杂（“我知道她打了他”“我认为我能做到”“这是那个给我

---

① 在英语中通常会在动词后加ed表示过去式，但go这一动词的过去式不是goed，而是went。

② 儿童想表达的是“外面很暗”，在英语中有时会在名词后面加y将其变形为形容词，例如将sport变为sporty，但是night不可以做这样的变形。

自行车的女孩”）。因此，语法学习会自然地发生于大量的**语言体验**（听到他人说话）和**语言使用**（儿童新采取的说话方式，如 54
果有语法错误会被对方重新表述）中。

## 语用学[①]

正如之前提到过的，了解沟通意图对语言学习是很必要的。这是因为，语言是一个可以用来引导心理状态和吸引他人关注的工具。语言的社会和沟通功能，以及儿童对它们的理解，都是**语用学**的研究范畴。例如，我们看到多数婴儿学到的第一个词都是他们的名字。当他人试着和你沟通并让你融入他们的社交圈时，能够识别自己的名字从语用的角度来说是非常重要的。对话的其他语用方面包括**交替**和确保对方对你在谈论的事有**足够的了解**。我们都很熟悉和幼儿通电话的场景，而且通常只能听懂一部分！这是因为，幼儿还没有学会与人交谈的所有语用方面。他们常常考虑不到谈话中另一方的感受，或是突然就切换到了下一话题。这些行为打破了对话暗含的“潜规则”，会阻碍沟通。



要发展出对语用的理解，就要在使用语言时既满足社交需要又做到恰当。这包含了理解在特定社会情境中什么是“粗鲁的”，什么是“礼貌的”。这还意味着要知道交谈中的人对彼此有多么**熟悉**。例如，有些事我们不会告诉邻居，但是也许会告诉我们的好朋友。确实，很多社会地位上的微妙差异会使得成人改变他们说话的方式（例如老板和职员之间）。

① 研究语言符号及其与使用者关系的一种理论。

儿童需要通过体验去学会语用学的所有方面，而社会认知
55 上的个体差异（见第四章）则会影响他们的学习效果。很多社交日常中用到的语言实际上相当随意。要学会语用学，儿童需要对词有超过**字面**意思的理解，并且要解读出沟通意图。当儿童能够意识到一段对话的社会场景并运用恰当的准则时，这段对话便是成功的。例如，儿童在收到他们不喜欢的礼物时，应该也说礼貌的话。有自闭症的儿童在社会认知和解读他人心理状态方面有障碍，会觉得学习对话中的语用学知识特别困难。有
56 品行问题的儿童也会对语用学有不正确的认识。

第四章

# 友谊、家庭、假装游戏和想象力

儿童的家庭生活体验有着极大的不同。但是，这些体验对社会发展、道德发展和心理理解有着非常重要的影响。儿童如果有兄弟姐妹，通常在社会认知和心理理解的发展方面会有**优势**。兄弟姐妹可以是盟友也可以是敌人，这让儿童有机会体会到爱意、回馈和支持，当然也包括冲突。但是，儿童之间的友谊同样可以带来很多这样的优势。随着独生子女家庭数量的增长，儿童间的友谊很可能对社会发展越来越重要。

社会和道德发展中一个最重要的因素，似乎是围绕和兄弟姐妹或朋友有关的事情所展开的**对话**。这些对话如果能反映儿童的感受、他人行为背后的心理动机，以及违背道德的地方，就是特别有效的。儿童所经历的最情绪化的场景中，通常还有其他儿童。儿童能逐渐理解观点、欲望和他人的意图，这取决于他们和家人或其他照料者对高度情绪化场景进行的讨论。假装游戏也可以提供丰富的手段，让儿童理解观点、欲望和意图；和其他儿童（或和一个假想朋友）一起玩假装游戏格外重要。这些

57 想象出来的、假装的体验能让儿童学着洞察“心理状态”。了解他人的心理状态，可以使儿童以他人的内在观点和欲望为基础，预测他人的行为。这种社会认知理解被称为“心理理论”。人们的行为往往取决于他们的**观点**，而非关于这个世界的客观事实。学着了解这些隐藏的观点是社会认知的一个关键部分，它发展得相当缓慢。

## 家庭中的“将心比心”

尽管在最初几年儿童对心理状态的理解会持续发展，但在婴儿期就已经能测量出个体差异了。在解释这种个体差异时，一个关键的因素是父母和其他照料者是否会将婴儿当作有**思想**的个体来对待。我们在第一章中说到，对母亲和/或其他主要照料者形成安全依恋，会促进自我“内在工作模式”的积极发展。研究也显示，如果婴儿形成了安全依恋，那么他们的母亲更有可能会“将心比心”。



将心比心的母亲会将婴儿的行为解读为婴儿心理状态的延伸。这种“将心比心”的态度能帮助婴儿学着理解心理状态，以及心理状态在解释人们的行为时所起的作用。擅长了解他人心理特征（他人**内在的心理状态**）的幼儿也更擅长理解他人针对自己的行为。这意味着，儿童关于他们是谁以及他们是否重要的“内在工作模式”，取决于父母或照料者**真实的**行为以及**有意的**行为。

“将心比心”可以用多种方式来评估。例如，婴儿会发出很多声音，但不是在说真正的词，他们也许是想要用这些声音来表
58 达特定的意思。如果母亲能够将婴儿发出的声音解读为刻意

的言语，那么这位母亲就会被认为更加能够“将心比心”。类似地，那些说自己无法理解婴儿的母亲，那些认为婴儿说的是“莫名其妙的话”或“冗长难懂的话”的母亲，会被认为不那么能够“将心比心”。母亲行为上的个体差异似乎是持续存在的。例如在一项研究中，同一群母亲在孩子3岁的时候被回访，并被要求描述她们的孩子。“将心比心”的母亲会从情绪、欲望、精神生活和想象力的角度来描述孩子。不太擅长将心比心的母亲会关注身高、体重和兴趣。当她们的孩子5岁时，这些孩子参与了用来测量心理状态的错误信念任务[①]。“将心比心”母亲的孩子在这种心理状态任务中表现得要更好一些。



从发展的角度来看，“将心比心”的行为范围和导致**不典型**亲社会发展的因素有所不同。如果儿童发展出严重的反社会行为（滋事打架、纵火、忤逆老师和无视社会规范），通常他们的主要照料者会认为他们儿时的行为就是**故意敌对的**。这种“敌对归因偏差”会使照料者从儿童明显令人恼怒的行为（例如弄坏一个玩具）中解读出敌对的意图。在其他成人眼中，这些行为也许会被看成是中性的。儿童通过社会互动和被照料的经历学到，很多他人的激怒行为都是**不**带有敌对意图的，这是社会发展中的一个重要部分。每个人天生会倾向于认为，对自己有不良后果的行为是故意敌对的，但事实通常不是这样。例如，父母限制幼儿或阻止他们实现目标（将电视遥控器放在够不到的位置），会让幼儿很不开心，但这不是恶意的。通过经验，多数幼儿学会了识别他人 59
友善意图的信号，他们会发展出“善意归因偏差”。研究显示，如

① 一种广泛应用的儿童思维测量方法，用于测量儿童是否能认识到他人的心理状态。

果幼儿的行为总是被照料者认为是恶意的，他们也就会将他人的中性行为看成是故意敌对的。这些发展出**敌对归因偏差**的儿童，有发展出严重反社会行为的风险。

## 家庭对话和心理状态语言

多数儿童从两岁左右开始会用“想”这样的心理状态语言，但其中也存在很大的个体差异。即使在只能说一个词的阶段，20个月大的儿童也会用词来表达内在状态，例如疼痛、不开心、爱意和疲劳。在大约两岁的时候，儿童会表达自己的生理状态（“我太热了，我在流汗！”“我现在不饿”）、对他人状态的认识（“你现在醒了吗？”）和他人的情绪（“妈妈别生气了！”“你哭哭好些了吗？”）。他们还会直接提到心理状态（“你觉得我能做到这个吗？”），提到假装和现实之间的区别（“这些怪兽是假的，对不对？”），以及提到自己的梦（“我做了一个有狗狗的梦”）。最后，早期出现的讨论话题还会涉及道德违反、许可和责任（“马修不让我玩！”“他是不是很淘气？”“如果我听话，圣诞老人就会给我玩具”）。尽管存在个体差异，在一个（中产家庭的）样本中，到了第28个月左右，九成的儿童都能够说出和疼痛、不开心、疲累、恶心、爱及道德相关的词。他们还会说出一些句子，表现出他们对心理原因的理解（“我拥抱了，婴儿很开心”“我让你伤心了，因为我对你不好”）。



关于感受和道德违反的家庭对话似乎对这种理解能力的发展格外关键。一项研究发现，3岁儿童和兄弟姐妹或母亲**争吵**时，最常讨论的是情绪问题。但是同一项研究也发现，父母和兄弟姐妹与男孩和女孩讨论感受的频率没有区别，男孩和女孩

60

说到自己感受的频率也没有区别。对儿童的发展最重要的似乎是，能够有这样的对话。这些儿童到了6岁的时候，再次参与实验，观看了成人之间情绪化场景的视频，并被多次问到他们觉得视频里的成人有什么感受。有些儿童在3岁时经历了更多的关于感受的家庭对话，他们在识别视频中成人的心理状态时表现明显好很多。这些重要的关联并不取决于儿童整体的语言能力或不同家庭中母亲和孩子之间对话总量的多少，而是明确地取决于关于感受的家庭讨论所发生的**频率**。

这类研究显示，和兄弟姐妹及其他儿童有“正常的”（而非暴力和充满敌意的）争论和吵架是社会发展的必要组成部分。如果这些争论之后在家庭中得以讨论，并识别出其中的心理原因（“他不高兴是因为你拿走了他最喜欢的杯子”“当你那么做的时候宝宝很高兴”），儿童便会学到自己和别人的情绪及心理状态。作为预防措施，与儿童讨论婴儿或弟弟妹妹的感受和需求，也可以很有效。有了弟弟妹妹之后，儿童会被激发出天生的竞争意识，这帮助他们发展出对他人想法的心理洞察，例如儿童会更多地惹怒或打扰弟弟妹妹。

讨论争吵的**原因**似乎对社会理解的发展格外重要。幼儿需要有机会提出问题、用论据来争辩，以及思考为什么他人会有某种行为。这不仅对于亲社会发展有帮助，而且能够提高儿童对自己内在的心理状态、感受和行为的理解。他人的心理状态不能够被直接看到，但是我们可以通过他人的行为来推测他们的心理状态。家庭（或幼儿园）中的讨论可以帮助儿童成功地做出这类推测。相似地，在某些情境中，弄明白自己的感受也可能会很难。当到达一个情绪爆发点的时候，进行关于心理状态的对话，能够帮助儿童理解自己的想法以及别人的想法。

最后，为人父母是一个情绪上充满挑战的经历，父母如何处理自己的情绪会影响有效的家庭养育。不幸的是，在有些家庭中，亲子关系是相当敌对的，父母控制的策略是不一致且无效的，或是依赖严厉的管教。在这种家庭中，儿童到了上学的年龄，会更有可能出现对其他儿童的霸凌行为或者肢体暴力。例如一项研究显示，如果父母在家里用打、抓和推搡一类的管教策略，他们的孩子更可能会出现挑衅斗殴、无视课堂规则和忤逆老师的行为。因为家庭互动会极大地影响亲社会理解的发展，持续（并非偶尔）对孩子采取暴力及攻击、有着敌对归因偏差和采用惩罚性管教方式的家庭，都更可能养育出在社会理解发展方面有缺陷的孩子。

不幸的是，暴力的兄弟姐妹和同龄人还会继续加深这样的影响。兄弟姐妹之间的互动通常反映了其他家庭互动的质量，所以有着消极的亲子互动和婚姻不睦的家庭也会经常出现敌对的手足关系。例如一项针对“很难管的”幼儿园儿童的研究显示，这些儿童在幼儿园玩假装游戏时，明显地会更多涉及杀害或伤害他人
62 （例如，4岁的儿童挥舞着玩具剑，嘴里叫着“杀呀！杀呀！来杀我呀！”——他的朋友则会丢下玩具剑，说“不要”）。这些很难管的儿童还会在6岁时显示出道德意识和社会理解受损。如果语言发展迟缓，并且用来管理自我调节发展的“执行功能”技能发展延迟的话，儿童的发展过程中会出现更多的障碍（见第五章）。

## 与照料者的假装游戏促进了心理理解的发展

假装游戏为理解心理状态提供了一个重要的途径。假装

游戏可以是单独的、与成人照料者一起的，或是和其他儿童一起的。很多和兄弟姐妹或其他儿童一起玩的假装游戏都是社会游戏。儿童会“扮演”爸爸妈妈或“扮演”姐妹，“扮演”做饭一类的家庭场景或“扮演”去上学。想象这些场景并**通过扮演**来对正在发生的事情获得一些掌控，这对儿童的发展是非常重要的。

和母亲及成年的照料者一起玩的假装游戏，与和其他儿童一起玩的假装游戏有所不同，但都非常重要。和成年照料者玩的假装游戏通常是以物体为中心的。例如，成人和儿童也许会假装在打电话，但这个“电话”可能是一根香蕉。这类假装使得儿童可以用真正的物体（黄色的、弯弯的香蕉）来象征想象中的物体（电话话筒）。借用物体的假装游戏帮助儿童将物体的真实属性和它们的象征意义相隔离。儿童可以同时对一个物体有两种心理表征。

尽管在最开始，用于假装游戏的物体利用了物体的真实属性（例如，儿童用自己的杯子或者玩具杯子假装给洋娃娃喝水），但在两岁的时候会开始变得抽象。一片卷曲的叶子也可能变成一个杯子。用心理学术语来说，假装会启动“思维中的符号”。一个物体在假装游戏中存在，并不是因为它原本是什么，而是因为它**在这个游戏中象征了**什么。一根棍子可能变成一匹马，在思维中这根棍子**就是**一匹马。从这个意义上来说，假装游戏的出现标志着儿童开始拥有理解自己的认知过程的能力——将想法理解为**实体**。 63

超过两岁的儿童会提前计划假装游戏，并且寻找心仪的道具。幼儿还会模仿照料者的假装游戏。如果成人也参与其中，他们的假装通常会更加复杂。确实，维果茨基称，在为了学习的目的而发起或延伸的戏剧游戏中，成人扮演了重要的角色（见第七章）。成人会引导游戏，使其变成（用维果茨基的话来说）“一个积极体验社会角色和关系的微观世界”。在维果茨基的儿童发展理论中，由老师引导的游戏是一个重要的教育手段，因为它不仅有助于社会发展，而且有助于**认知**发展。



假装的另一个重要方面是共享心理状态。例如，如果在游戏里把一根棍子当成了一匹马，只有所有参与者都“同意”这根棍子是匹马，这个游戏才能玩得起来。因此假装游戏分享的是语言沟通意图。游戏的参与者共同有了这样的**意图**，即棍子象征了马，就好像对话中的双方共同有这样一个意图，即抽象的声音模式（口头语言）象征着特定的意思。这么说来，假装游戏促进了象征能力的发展，这种能力似乎是只有人类才具备的。与其说儿童是在当下操纵着实际的物体，不如说他们是在借用具有象征意义的物体操纵着一个想象中的世界。符号象征是人类文化的一个重要部分——语言、绘画、地图、照片等都象征着现实的一部分，它们**本身**不仅仅是物体或摆设。理解符号象征需
64 要一个持续的发展过程，而假装游戏是一个重要的早期媒介。

## 和朋友及假想朋友的游戏及假装游戏

相比和成人一起玩的假装游戏，和兄弟姐妹及朋友一起玩的假装游戏更多的是社会游戏，而且可以是非常情绪化的。并且，游戏的参与者在游戏中扮演得更多的是平等的角色。关于感受的讨论也更常出现于和兄弟姐妹及朋友的假装游戏，而不是和照料者或老师的假装游戏。这似乎对心理状态理解的发展是很

有帮助的。社会游戏还能够使儿童开始理解**社会规范**和**社交场合**。例如，维果茨基对正在“扮演”姐妹的两姐妹点评道——

> 这个孩子在游戏中试着去表现出她认为姐妹应该有的样子。在现实生活中，这孩子做事前并不会想到她是她姐妹的姐妹。在姐妹游戏中……双方都会想到要表现出姐妹情……她们打扮得很像，说话也很像……而这种游戏的结果是，孩子能学会理解姐妹之间的关系和她们与其他人之间的关系是不同的。

去托儿所或幼儿园给了儿童机会来建立多份友谊，并且体验到对想象中的互动和合作有更高要求的假装游戏。儿童逐渐长大，会把更少的时间花在真正的游戏中，而把更多的时间花在讨论情节和各自的角色上。对3岁儿童假装游戏的研究显示，如果一对儿童一边扮演一边较多地用语言描述心理状态，他们在一年后的心理状态理解测试中会表现得更好。因此，更多的假装游戏和儿童长大后更好的“读心术”有关联。分享想象出来的世界、解读朋友的意图，并且共同讨论如何将每个人的行动和心理状态融入当下的游戏中，对“心理理论”的发展有着积极的效果。

当然，并不是每一个儿童都有兄弟姐妹或有住得很近、可以每天一起玩的朋友。会创造出一个假想玩伴的儿童的比例高得惊人。研究显示，20%至50%的幼儿园儿童有假想朋友。头胎出生的儿童最有可能会创造假想朋友，而且女孩比男孩的比例略高一些。多数儿童会创造出一个和自己性别相同的朋友，有的儿童有不止一个假想朋友。研究显示，有假想朋友的儿童并不比其他儿童更加害羞或焦虑，他们和没有创造出假想朋友的儿童相比，有差不多数量的真实朋友。但是，有假想朋友的儿童通常比一般儿童有更好的语言技能，并且更擅长叙述。确实，创造出一个假想的玩伴要求儿童要创造出一个充满细节的故事，包括假想朋友的名字、长相、喜恶、动作和意图。因此，和朋友一起玩假装游戏的很多方面也出现在和假想朋友一起玩的假装游戏中，并且似乎同样起到了促进亲社会发展的作用。

拥有朋友并和他们一起玩，对于发展对他人**情绪**的理解很重要。解读和回应他人情绪的能力存在个体差异，这种差异在儿童早期的友谊中有着关键的作用。例如，朋友生气或不开心时能够感受到，并且知道怎么去安抚或逗乐他们，这种能力会让一个儿童成为受欢迎的儿童。友谊也可能带来多种多样的道德问题，例如欺骗、不平等分享或有意伤害对方。学着去协商这些道德难题并学着做出恰当的回应对亲社会发展也有好处。纵向研究显示，如果儿童有良好的社会理解、对违规有成功的沟通经验并且有合作式的高水平想象游戏，在学校里就会很容易交到
66 新朋友。友谊必然会涉及不止一个个体，儿童的朋友有多么地亲社会也会影响儿童友谊的质量。例如研究显示，如果儿童在幼儿园的朋友被老师评价为是更加亲社会的儿童，那么他们在进入学校以后会在交新朋友时更有眼光。如果儿童有更多亲社会的朋友，他们在描述新的友谊时也会比较少地提到矛盾，会觉得自己是喜欢新朋友的。和**谁**做朋友对儿童之后的友谊的重要性在幼儿园阶段就已经显现出来了。

## 假装游戏和自我调节

假装游戏的重要性还在于它通常是讲究**规则**的。儿童会积极地遵守规则，因为它们是游戏中的一部分。正如维果茨基所认识到的，假装游戏促使儿童发展出成功的自我调节策略。通常，儿童遵守规则，是因为他们被成人要求这么做，而规则和儿童真实的愿望是相悖的。例如，规则可能是“不吃完晚饭就没有巧克力”。儿童想吃的也许是巧克力而不是晚饭。在假装游戏中，游戏的规则是由参与者创造的，而参与在游戏中是最理想的状态。因此，儿童要实现玩游戏的愿望，就必须要遵循游戏规则。如果游戏中涉及巧克力，巧克力在游戏中象征着毒药，儿童就不会吃巧克力了。



相比西方，俄罗斯的心理学研究更加关注游戏的方方面面。一个可爱的例子是，一群6岁的男孩在玩扮演消防员的游戏。一个男孩是队长，一个男孩是消防车司机，其他是消防员。这个队长一喊“着火啦”，他们就全部跳到玩具车里，然后司机假装开车。他们会到达火灾现场，然后消防员会跳出去灭火。司机也会跳出去，但其他男孩会叫他回到车里，他必须要和车在一起。因此他坐在车里，努力控制着他也想要参与行动的欲望。



另一个来自俄罗斯研究的例子是，儿童在玩扮演哨兵的游戏。实验员测量了他们能站立不动的时间。3—7岁的儿童扮演的哨兵独自站在一间房间里时，站的时间会短一点。当他们的朋友也在房间里监视着哨兵是否能站立不动时，多数儿童都能够站得更久。因此，假装游戏可以帮助儿童控制他们的欲望和情绪。婴儿和小幼儿的游戏是由**物体**主导的。开关要被操纵，楼梯要被攀爬，门要被打开。当儿童逐渐长大，想象世界会取而代之。游戏会变得复杂，他们要提前计划并运用道具。充满想象力的假装游戏对儿童的发展是十分重要的。

## 亲社会行为、道德和社会“规范”

假装游戏中一致同意的“游戏规则”也可以帮助儿童发展出对**社会规范**的理解。社会规范创造出一个社会框架，使我们都觉得必须要以某些方式来行事。这些方式最终对社会是有益的。社会规范支配着什么是必须履行的（例如我们不能刻意伤害他人）和什么是可以接受的（例如我们应该互相帮助，但是为家人比为陌生人提供更多的帮助是可以接受的）。社会规范还会因文化而不同。儿童对社会规范的理解中所存在的个体差异是影响亲社会发展的另一个重要因素。



在假装游戏中，儿童会创造并遵守规范（“要来我们的营地，你必须有一把光剑”）。在游戏中创造规范被认为能够帮助发展出对**文化**社会规范的大致理解。这再次说明，能否理解对
68 方的意图和能否理解他人的情绪似乎会导致儿童在学习社会规范时的发展区别。反社会的儿童要么知道社会规范但满不在乎（通常被认为是罹患精神疾病的，这些儿童只占人口的1%），要么处于不支持社会规范学习的家庭环境中，而后者更加常见。不谈论他人的意图和情绪，以及不明确讨论社会规范的家庭，会使儿童对社会的理解**下降**。每个人都会对伤害自己的行为感到生气，想要攻击加害者也是很正常的。但是，很多明显令人生气的行为都**没有恶意**。讨论这些行为的情绪和意图的家庭，会促

使儿童了解到很多这类的行为并不是故意要挑衅和伤害的——促进了**善意归因偏差**的发展。

在有些家庭中，对伤害意图的**误解**不仅是成人对儿童行为的看法，而且是儿童对他人意图的看法（**家族式**的“敌对归因偏差”）。正如之前提到过的，如果主要的依恋对象不能做出善意意图的榜样，不能将他人的意图说成是善意的，那么这种我们都自动会感受到的敌对归因偏差将变得根深蒂固。不幸的是，严重的反社会行为是高度稳定的。设想一个男孩在学校走廊上走着，另一个男孩撞到他并把他的书撞掉在地上。旁观的男孩大笑起来。这个男孩是不是会将这种行为解读为“不尊重的”，是对他的名声和身份恶意的挑衅和威胁？如果是的话，他就会表现得很有攻击性。或者他是不是会将此解读为一个偶然的、无恶意的行为？如果是的话，他就会走开。

儿童可能太过**冲动**，在情绪化的场景中无法遵守社会规范。随着自我调节技能的提高，冲动会减少。相关研究显示，有反社会行为的儿童如果表现出缺乏内疚感、为了自己的目的而无情地利用他人和缺乏同情心，就最有可能做出顽固且严重的攻击性反社会行为。但是，并不是所有有着敌对归因思维的儿童都会变得长期具有攻击性。这种儿童得抑郁症和焦虑症的风险也更高。针对这类儿童的有效干预方式的研究还很有限。但是，从敌对归因偏差这一源头开始的干预方式看起来是有希望的，例如告诉母亲小婴儿是不可能出现恶意行为的。有些干预方式教父母使用正面奖励的方式去鼓励亲社会行为，而非使用严厉的管教，这些方式也可以很成功。 69

儿童如果存在某些发展障碍（例如自闭症），也会很难理解社会规范。有自闭症的儿童常常表现出社会理解方面的严重发展迟滞，并且无法“理解”很多的社会规范。这些儿童也许在社交场合中会显得相当不恰当（例如大声评价别人怎么难看，或是在收到一个不喜欢的礼物时表现出不高兴）。有自闭症的儿童还有可能在理解情绪和意图方面表现出明显的滞后。但是这并不会使他们变得**反社会**，只是会让他们的亲社会行为不那么明显。有自闭症的儿童并不比其他儿童更有攻击性，也不比其他儿童更不友好。

## 内群体忠诚



互惠和公平等社会道德准则最容易在家庭中被推崇，它们能给所有的家庭成员带来好处。确实，幼儿在非常小的时候就已经能判别，谁属于他们的内群体，而谁不属于。这种“内群体”通常会超越家庭的范畴，延伸至“像我们这样的人”。儿童和成人一样，更容易用亲社会的方式去对待内群体成员。例如儿童
70 更愿意向内群体成员分享物品或食物，或是指出有用的信息。很大一部分的社会科学研究文献显示了，在我们日常生活中群体成员所扮演的关键角色。有些进化分析确实指出：和自己的群体分享最初是事关生死的。例如为了群体有食物可吃，就必须要在狩猎时进行合作。在大型的社会（例如现代的西方社会）中，我们对彼此的依赖已经不再明显，我们需要用**试探**或简单的机制来和相对陌生的人合作，同时排除“作弊的人”和“吃白食的人”。对于谁是内群体成员的社会评价就属于这样一种试探，并且在很小的年纪就开始了。

一个很不错的例子来自一个关于语言的实验。实验测试

了来自巴黎和波士顿的10个月大的婴儿。这些婴儿都看了同样的视频，视频中有两个女人在说话，一个说英语而另一个说法语。之后这两个女人分别拿出同样的玩具给婴儿。当她们把玩具递向婴儿的时候，玩具从镜头中消失了，而真实的玩具出现在了婴儿面前的桌上。来自巴黎的婴儿明显更偏向于拿起说法语的女人给的玩具，而来自波士顿的婴儿则明显更偏向于拿起说英语的女人给的玩具。然后这个实验方法被延伸至对种族的研究，来自波士顿的婴儿看到了两个说英语的女人，一个是白人，另一个是黑人。（白人）婴儿对她们没有偏好。这意味着对婴儿来说，语言社群赋予了内群体的身份，而肤色则没有。

对群体的亲社会义务还意味着我们应该更多地帮助内群体成员，或在资源有限的时候给予他们更多的资源。即使是幼儿似乎也了解了这些义务。例如在一个和玩偶分享糖果的实验中，3岁的儿童得到了一些糖果要去分配，但糖果的数量并不足够，所以他们没办法给每个玩偶同样数量的糖果。这些儿童会把更多的糖果分给那些被称为**兄弟姐妹**的玩偶，而把少一点的糖果分给那些被称为**陌生人**的玩偶。当资源很充足的时候，这些3岁的儿童会在玩偶之间公平地分享。在一个类似的实验中，5岁的儿童被随机分到“红衣服”组和“蓝衣服”组。之后他们观看了影片，影片中出现了不认识的儿童穿着红色或蓝色的衣服，而参与实验的儿童会将更多的资源分享给“和自己同队”的儿童，尽管根本就没有分队。这意味着，5岁的儿童就已经有了对“内群体”社会态度的内隐意识。女孩更倾向于将资源分配给其他女孩，而男孩则没有显示出性别偏好。“内群体”的概念提供了一种组织社会互动以强化内群体“偏好”的方式。对“内群体”文化概念的社会学习似乎在儿童很小的时候就已经作为广义社会道德发展的一部分而出现了。

## 互惠和受欢迎程度

儿童会将更多的资源分配给内群体成员的一个原因是，他们期待**互惠**。通常，你可以从内群体成员身上期待同等的回馈——如果角色对调，他们通常应该会将更多的资源分配给你而不是给一个“外群体”成员。另外，从进化的角度来看，这种互惠有重要的生存意义，例如在共同觅食时。成为群体的一员也会让儿童获得社会动机，因为这强化了儿童的社会身份。更进一步说，对“内群体”的忠诚可能会让儿童在这个群体中更受欢迎。因此，成为群体里的一员要求儿童学着了解如何忠实于群体、如何适应群体里的压力以及如何表现出对内群体的偏好。例如，儿童也许需要能够准确判断谁在群体里更受欢迎，这样他们才能够对群体里更有可能受欢迎的朋友表达出喜爱。



也许并不出人所料，一旦儿童进入学校，这些能力似乎就
72 会迅速地发展。做出准确的判断也需要认知技能的支撑，例如从多个角度看问题的能力。但是，相比外群体成员，当内群体成员出现违反社会规则的行为时，即使是6岁的儿童也会做出更正面的回应，尤其是当他们已经对情绪和意图有了比较成熟的理解时。有些研究人员指出，社会理解能力更好的儿童更有可能结成“帮派”，赞许甚或参与社会团体中其他成员的不法行为。儿童能明白内群体和外群体的差别，这在研究儿童

对内群体文化的理解时也有所体现，例如作为某支足球队的球迷。有良好换位思考能力（即能够领会他人心理视角）的儿童会显示出更超前的对内群体和外群体的理解，这些儿童也会参与到更多的社会群体中（例如课后俱乐部、体育俱乐部和合唱团）。 73

第五章

# 学习和记忆，阅读和数字

对幼儿而言，上学会带来非常多新的要求。学习、推理和记忆都成了儿童需要主动达成的目标，而非仅仅是每天的日常生活体验。成功的在校表现要求儿童对自己的信息处理能力有所了解：“我的记忆力怎么样？”儿童还需要能够监控自己的认知表现。学校要求儿童了解课上不同的任务需要运用何种**认知**技能。心理学研究显示，所有这些“元认知”技能会在3到7岁间迅速发展。本章和第六章会提到关于儿童是否了解自己的认知（**元**认知）的研究。与此同时，幼儿还在应对着阅读、书写及运算等重大学习要求。阅读和运算都是数百年前就已经出现了的文化创造，所以毫不奇怪的是，儿童也许要花一段时间才能顺利掌握。

## 成功地记住

儿童会发展出多种类型的记忆，它们对于在学校的学习都
74 很重要。心理学家研究过的记忆类型包括语义记忆（我们关于

世界一般性的、事实性的认识)、情景记忆(我们能够有意识地从过往经历中获取的自传式回忆),以及内隐或程序记忆(例如习惯和技能)。能够被有意识地、刻意地回想起的记忆(语义记忆和情景记忆)很明显都对上学有帮助,但是内隐记忆、习惯和技能也很重要。例如,3到5岁的儿童一次性依次看了100张不同的图片,可以在回忆任务中认出其中98%的图片("你之前看过这张吗?")。这类实验指出,幼儿的**内隐**识别记忆(视觉识别记忆)已经发展得很好了。与普遍的观点不同,记忆研究还显示,幼儿很少凭空**创造出**对完全没发生过的事情的记忆。事实上,即使年龄很小的儿童也能清楚地记得独立的(通常是不寻常的或情感上很重要的)事件。在一项纵向研究中,一个4岁的儿童回忆道:当他两岁半的时候,"我给我的鱼喂了太多吃的,然后它死了,母亲把它扔进了厕所"。另一个患有乳糖不耐症的孩子,回忆说他在两岁半的时候,"母亲给了我乔纳森的牛奶,然后我吐了"。

当儿童很小的时候,他们专注于学习心理学家所谓的常规事件的"脚本"。脚本包含了在非常特定的情境下,对事件的**时间**和**因果**序列的记忆,例子包括"去购物""洗衣服""准备出门"和"吃午餐"。脚本可以将日常生活体验和事件整合为可预测的框架。然后,这些脚本可以在需要时被清晰地回想起来。这样的脚本或"一般事件表达"从很小的时候就开始发展,而且可以一直持续下去,只要儿童有着规律的常规活动。规律的常规活动实际上为理解日常生活提供了多种学习体验。发展出基本框架对特有经历进行存储、回忆和解读,是我们的记忆系统工作的基础,对成人和儿童而言都是这样。 75

脚本实质上是一种构建和象征我们对现实的记忆的方式。

脚本使这个世界变得安全和相对可以预测。知道什么是常规也使得我们对**新奇**的事件能记忆得更好。新奇的事件在记忆中会被标记为与预期脚本的差异。例如到了晚餐时间，因为煮饭花了很长时间而且大家都饿了，所以在正餐前先吃了布丁，这一事件因为发生得太少，所以很容易被记住。

与此同时，父母（和老师）与儿童互动的方式，也会对自传式情景记忆的发展产生影响。相比从不被提起的往事，如果一段共同的经历时常在家人一起回忆时或在课堂讨论中被提起，那么（并不出乎意料地）这段记忆能够被记住的时间就会更长。与此同时，向儿童提问过去事件的方式对他们如何记忆这些事件也有重要的作用。一系列具体的问题（“我们去了哪儿？我们见到了谁？还有谁和我们在一起？”）可以有效地巩固儿童的记忆。如果成人接下来就儿童提供的信息进行**阐述**，可以更加有效地巩固儿童的记忆。在一项研究中，母亲被要求回忆一个和她们4岁的孩子有关的特别事件，例如去动物园。有些母亲会反复问同一个问题而不加阐述（“你看到了哪些动物？还有呢？还有呢？”），而有些母亲会延伸孩子给出的信息并加以评价（“对的，狮子的笼子是什么样的？你记不记得我们看到了老虎？”）。后者在帮助儿童存储记忆方面会比前者更成功。

这些儿童在5岁和6岁的时候被要求再次回忆这些事件，当时母亲阐述比较多的儿童显示出了更好的记忆。这些儿童记得的信息明显更加准确。原因之一是，儿童（和成人）**构建**了情景记忆。通过回述和回想，情景记忆得以部分地存储（正如当成人说闲话的时候！）。帮助儿童详尽地回忆他们的经历对这个构建过程会有帮助。因此，之前的知识和个人的解读都会影响儿童记住了什么。儿童自身的语言能力也非常重要。良好的语言能力可以提高记忆，因为语言能力更好的儿童能够对经历了的事件做出连贯、详细、符合时间线索、有条理的描绘。

最后，和父母、家人、学校里的朋友聊过往的事情可以帮助构建儿童个人的**自传式历史**。这对发展自我的概念很重要。年龄小一点的儿童会用关于过去的讨论来加强他们对家庭和自己在家庭中角色的理解。学龄儿童谈论他们自传式的过去来加深他们和同伴之间的关系。通过讨论我们的过去，我们与他人“分享自己”，并且使人际关系更加牢固。创造一个共同的经历也可以使我们变成社区或社会群体中的一分子。研究人员相信，这一类的**共享**会帮助儿童学会如何在特定的文化和社会群体中找到“自我”。自我定义的方方面面在不同文化中各有不同，例如一个人的“个人故事”在西方社会比在亚洲文化中更具有重要性。



## 学着去学习和推理

对婴儿和幼儿的研究（见第二章）已经告诉我们，很多早期的学习是无意识的，并且部分取决于感官系统的运作方式，例如看和听。人类感官系统吸收信息的方式能够促使我们发展出**解释框架**。例如，对朴素物理学的解释系统是围绕一个核心框架来组织的，用来描述完整的、固态的三维物体可能出现的行为。基于对物体动态的空间和时间行为的观察，人和动物会建立一个重要的实证基础。与此同时，儿童的大脑会跟踪各式各样的 77

统计相关性。这个统计数据库从另一方面证实了动态的空间和时间关系。此外，幼儿会寻找隐藏的特征来帮助他们理解物体和事件之间的相似性。儿童会寻找这类特征，因为他们在积极地学习“因果解释框架”以解读他们身边的世界。儿童在学校的经历会拓展他们对感知和因果的学习。

除了对事件的因果结构进行**内隐式**推断之外，儿童一旦进入学校，还需要将这些学习过程**外显**出来。儿童需要刻意地使用他们的学习能力。他们需要明确地用理论来整合证据。他们需要学习如何刻意地而非直觉地提出和检验假设。这可以通过系统的干预和操纵来实现。行动——儿童在学习环境中主动地做某件事——对因果学习似乎是很关键的。要实现最优化的发展，这些学习和推理的过程（以及通过模仿和类比所进行的学习）必须是外显的。例如心理学研究显示，儿童如果能够操纵不同的诱因并能够观察这些操纵的效果，就能学到更多。



在一个关于因果学习的实验中，2到5岁的儿童得到了一个陌生的玩具机器，并且被告知这是一个“物体检测器”。儿童得知，特定物体可以被放在机器上并且让机器启动（机器会发光并播放音乐）。儿童在观看的时候，一块积木（A）被实验员放在了机器上，但没有任何反应。接着，第二块积木（B）被加了
78 上去，机器开始播放音乐。然后儿童被问道：“你可以让它停下吗？”多数儿童会将积木B拿走，然后机器就停下了。

与此同时，第二章提到过的直觉物理推理很容易出现**偏差**，这恰恰是因为我们感官系统的运作方式。一个例子是幼儿身上常见的“重力错误”。幼儿会假设，如果一个东西掉了，它会直直地落下。之前对重力的体验告诉他们，这个假设通常是正确

的。但是，当儿童看见一个球被丢进了一个装置里，里面是由三条不透明的弯曲管道组成的视觉空间迷宫时，重力法则在这里也许不再适用。尽管如此，幼儿还是会根据“垂直下落”的法则来找球。他们能看见管道的弯曲，但显然还是忽视了这一事实：弯曲意味着管道的出口并不是在入口的正下方。他们仍旧运用了重力法则，所以他们会一直在错误的地方寻找。

事实上，在更加复杂的情况下，成人也会犯类似“重力错误”的差错。例如，多数成人仍旧直觉上认为物体是垂直下落的。因此他们认为，一个球如果从移动的火车的窗户掉下去，会沿着直线掉落。但事实上，球不会垂直下落，而是会沿着一条弧线下落。这是因为，移动的火车会对球产生一个**力**，这个力改变了球在下落过程中的轨迹（这是牛顿物理学）。多数儿童（和很多成人）会运用**前牛顿**理论来解释抛物运动，并推断**掉下时**产生的动力控制着掉落。要让成人和儿童利用牛顿物理学做出正确的判断，直接的教学是有必要的。事实上，脑成像工作显示，即使我们成功地学会了某些科学概念，例如牛顿力学理论，这些概念并不会**取代**我们具有误导性的朴素理论。相反，**两种**理论大脑似乎都会保留。在某个特定场景中，能否选择正确的推理基础取决于我们能否有效地（和无意识地）抑制对错误物理模型的使用。




## 归纳和演绎推理

学龄前儿童会运用归纳和演绎推理，而且这两种推理方式在上学之后也仍旧很重要。归纳推理在人类的推理过程中随处可见，其中包含着“对给出的信息做额外的解读和分析”。一个典型的归纳推理问题可能是："人有脾脏。狗有脾脏。兔子有脾脏吗？"因为这三类都是哺乳动物，所以4岁的儿童都会通过类比来推理得出兔子应该也有脾脏。但是，如果儿童被问道："狗有脾脏。蜜蜂有脾脏。人有脾脏吗？"他们会不太愿意去做归纳推理（成人也同样）。这是因为，归纳推理中最重要的限制因素是前提和结论在种类上的**相似性**。狗和蜜蜂并不相似。成功的归纳推理还取决于**样本大小**，以及所提到的属性的**典型性**。

归纳推理最常见的形式可能就是通过类比进行推理。我们使用类比时会想到，两种实体的相似性不仅在于外形，而且在于底层**结构**。结构的相似性可以很简单，比如魔力粘发明背后的类比。魔力粘的发明者通过观察发现，植物毛刺之所以能粘在衣服上，是因为有非常微小的钩子，所以他发明了一种有许多钩子的材料。这使得魔力粘可以通过类似钩子的机制来达到粘的效果。结构的相似性还可以是相当抽象的，例如通过将原子结构类比成太阳系来教儿童。这个类比依赖于**轨道运行**之间的结构关系。在太阳系中，行星围绕着太阳公转；而在原子中，电子围绕着原子核运行。在这两个例子中，旋转物体能保持在各自
80 的轨道上都是因为重力的原因。



尽管外观上相似的类比更容易被发现，但一旦儿童懂得了类比中的关系或结构的相似性，归纳推理就变得易如反掌。例如，针对学走路的幼儿和3岁儿童的研究发现了许多不同情况下的类比推理。如果大家都能明白类比中的关系，那么学习表现上的发展差异就将取决于其他因素了，例如"工作记忆"的效率。但是，如果儿童不懂或者不知道类比中的关系基础，那么类

比推理就会变得很困难，即便对年龄大一些的儿童也是如此。成人也是一样。智商测验中的类比题很难做，不是因为需要完成很多类比推理，而是因为不熟悉前提。例如，如果你不知道**流明**是测量亮度的单位，就很难完成类似“英尺之于长度就好像流明之于什么？”的推理。

相比归纳推理问题，演绎推理问题只有一种逻辑上成立的答案。演绎推理对学校里的很多学科都很重要，尤其是数学。心理学研究通过“逻辑三段论”测量了演绎推理的发展。在一个三段论中，即使答案和已知的事实相悖，这个答案也可能是演绎上成立的。例如，已知：

> 所有的猫都会汪汪叫。
> 雷克斯是一只猫。

如果问题是“雷克斯会汪汪叫吗？”，那么逻辑正确的答案是“会”。

在这种“与事实不符”的三段论中，前提和我们的常识（狗会汪汪叫，而猫会喵喵叫）相悖。但是，这个前提的可能性或真实准确性并不是重点。测试推理时要接受前提的有效性并做出逻辑正确的演绎。

研究显示，4岁的儿童已经可以正确地解答逻辑三段论，尽管它们与事实不符（就好像汪汪叫的猫的例子）。但是对所有年龄的人而言，熟悉前提下的三段论会容易一些。实验还探究了，如何使与事实不符的推理对儿童来说更容易一些。例如，将与事实不符的前提放在游戏情景中（假装在一个猫会汪汪叫的星球上），能够帮助幼儿做出更符合逻辑的推理。不过，如果被明确要求去**思考**这些前提，4岁的儿童也可以完成与事实不符的推理。例如，当被告知：

> 所有的瓢虫背上都有条纹。
> “小雏菊”是一只瓢虫。
> “小雏菊”身上有点点吗？

一个4岁的儿童说道：“所有的瓢虫背上都有条纹。但是并不是这样的。”然后他演绎推理出“小雏菊”是有条纹的而不是有点点的。因此，即使是幼儿也可以意识到，无论什么前提**在逻辑上都暗含着**结论。儿童再大一些，会更擅长在许多情况下做出演绎推理，这在下一章中会讨论到。不过很明显，学龄前儿童就已经能够基于前提做出逻辑演绎；如果配合有效的小学教育，儿童的逻辑推理技能就会有助于学习。

## 学着去阅读和书写

书写这一文化创造对人类认知有着深远的影响。书面的符号系统，例如英文字母或汉字，是用来象征口头语言的视觉代码。因此，阅读是一个认知过程，用来理解以视觉符号系统呈现
82 的言语。简单来说，阅读就是理解书面的言语。

通过将信息写下来，我们可以和尚未出生的人交流，也可以为过去做一份记录。一旦学会了阅读，我们就可以用阅读来改变我们的大脑。例如我们可以通过阅读获得新的信息，而不用通过直接体验。研究清楚地显示，阅读不仅是一项视觉技能，而且是一项**语言**技能。语言发展的不同方面，例如语法和语义知

识，都在如何让儿童有效地学习阅读中扮演了重要角色。但是语言知识中，对阅读学习最重要的是**音韵知识**。这是关于声音和构成词的不同声音组合的知识。关于韵律结构、词的边界和音节重音的知识都很重要。我们学着说话的时候，并不会有意识地去想组成不同词的声音元素。因此，我们学着阅读和书写时，需要**明确地**运用音韵知识。心理学家提出“音韵觉识”这一专业术语，用来描述儿童明确的音韵知识。

音韵觉识任务测量了儿童对词的声音结构进行思考的能力，例如儿童发现词的韵律规律或重音规律的能力，或者是发现及操纵用字母来代表的词中一个个声音元素的能力。因此，还不会阅读的儿童可能会被要求找出cat、hat、fit中不押韵的词，或被问到pig和pin中的第一个音是否相同。这些任务上的个体差异能够很好地预测儿童学习阅读和拼写时能学得多快和多好。音韵觉识和阅读能力之间的关联在全世界所有的语言中都有所体现，而不仅仅是使用字母的语言。



促进幼儿发展“音韵觉识”的最佳方式之一是激励他们去书写。要将一个词拼写正确，我们就需要去想这个词里面的声音元素以及这些元素排列的顺序。还不会阅读的儿童在拼写时可能做不到很准确。但即使这样，如果早期的或“自创的拼写”中流露出对音韵的洞悉，那么从发展的角度来说就是个很好的信号。一个还不会阅读的儿童如果能在想着Be quiet时写出B cwyit，在想着Who likes honey时写出Hoo lics hane，就已经显示出了**很好的**音韵觉识。幼儿在书写时可能会混淆字母名称和字母发音，就好像用HN来代表hen（这里用到了字母N的名称），或用My dadaay wrx hir来代表My daddy works here（在这个例子里，字母X的名称用得很巧妙）。

还不会阅读的儿童的音韵觉识能力可以通过学习儿歌和玩文字游戏来提高，包括游乐场上的高呼和鼓掌游戏。我们还可以通过着重强调音节“节奏”的音乐活动来加强音韵觉识（例如，伴着儿歌“Pat-a-cake”的音节模式打鼓，或随着“The Grand Old Duke of York”的音节节奏行进）。另外，音韵觉识还可以通过唱歌，以及嗓音和外在节拍的节奏协调（例如说唱）来提高。任何强调倾听技巧的游戏，例如“大发现”[①]都可以很有帮助。有些活动可以增强儿童听出重音模式（儿歌通常是完美的格律诗）、词的音节结构和韵脚的能力，对早期的字母学习都很有帮助。



有了好的口语音韵基础和好的口语能力之后，多数儿童都能相当快地学会字母，并且能够在上学的第一年内就学会读简单的、符合拼写规律的词。一旦儿童开始阅读，字母发音知识和“音素意识”（将词分割成由字母代表的单个声音元素的能力）都会变成阅读发展的重要指标。我们在第三章中看到了，
84 即使是婴儿都会对听觉信号中的语音边界做出反应（例如他们能可靠地区分p和b）。但是，栗鼠和虎皮鹦鹉也可以做出类似的区分。字母所代表的声音元素是对听觉信号的**抽象**提取，而且不太容易被栗鼠或虎皮鹦鹉学会。例如，PIT和SPOON这两个词都用了字母P代表p这个音，但是在SPOON中对应的声音实际上更接近b。因此，刚开始学拼写的儿童会犯错，例如将SPOON拼写成SBN，**因为**他们可以听到这些区别。音素意识

① 美国一个家喻户晓的游戏，由一方描述物品的特征，另一方猜测是什么物品。

很大程度上是被教会阅读和书写后的一种**结果**。研究显示，不识字的成人没有音素意识。事实上，脑成像显示，学习阅读的同时大脑中会“重新映射”语音体系。我们只有在学习阅读**之后**，才会开始将词听成一系列的“音素”。

## 阅读障碍

有阅读障碍风险的儿童通常会觉得音韵觉识任务很难完成。在所有的音韵层级（重音、音节、韵脚、音素）中都有可能出现缺陷。这似乎是因为有阅读障碍的大脑在听觉处理的某些方面不那么有效。令人惊奇的是，有阅读障碍的人也能听到组成音素的语音方面的听觉线索。事实上，有研究指出，有阅读障碍的人可能将发音区别听得**太过**清楚了。有阅读障碍的儿童可能会继续听到额外的发音区别，而多数婴儿在12个月大的时候就不再能听得出来了（见第三章）。近期的研究还指出，有阅读障碍的儿童很难听到**韵律的**听觉线索，例如**音节重音**和**言语节奏**的听觉线索。这些听觉上的困难也存在于正在学习说中文的儿童身上，因为中文不是用字母拼写的（所以阅读中文并不要求具备音素知识）。每个汉字都代表一个音节。围绕韵律结构的更广泛的听觉障碍似乎会阻碍理解书面语言的认知过程，但这和某种语言所使用的视觉符号代码无关。相反，很少有书面语言会包含对音节重音的标记（希腊语和西班牙语是为数不多的两个例外）。

另外，听觉障碍可能在不同语言中的**表现**形式不同。例如，有阅读障碍的儿童在学习不同的字母语言时有非常大的区别，例如芬兰语和英语。一个关键因素是语言中字母对应发音（语





85

音）的**一致性**。英语中相同的拼写对应的可能是**不同的**语音（例如cough、rough、through）。相反，在类似芬兰语的语言中，拼写是非常一致的。因此，芬兰的阅读障碍者学语音时尽管很慢但能学得很好，可以成为非常准确（尽管很慢）的阅读者。英语的阅读障碍者学得不仅慢而且不准确。

尽管如此，研究发现，所有语言中有阅读障碍的儿童都不擅长拼写。这是因为，多数语言中同一个发音都会有不止一种拼写方式（例如，hurt、Bert、skirt中押韵的发音拼写方式不同）。与此类似，有阅读障碍的中国儿童阅读时很慢且很费力，尽管他们完全不需要发展音素知识。在阅读障碍中发现的听觉处理困难似乎并不影响口头交流——有阅读障碍的儿童的口语表达和理解都没有问题。这很可能是因为阅读障碍中的听觉困难是很不明显的，而且口语中会有非常多的意义提示。



## 学习数字

第二个对人类认知发展有着深远影响的符号系统是数字系统。用数字和等式来代表真实世界和一部分的物理关系（波、概率、力）使得我们可以操纵这些关系并且设计新的技术系统。许多新系统，例如电脑和网络，促进了新一代人的认知发展。就像阅读学习一样，数字学习需要花上几年的时间才能达到熟练的水平。数字学习也要求直接且专门的教学。但是就像阅读，有些关键的认知先决条件会影响到儿童进入学校后学习数字关系时能学得多快和多好。其中最重要的条件之一是能否很好地理解数数（1，2，3，4……）。这是因为计数序列是一个有序尺度上数量级的符号代码，正如字母是口头语言的符号代码一样。

86

数字系统不单单代表了我们对数量和大小的认识，数字还代表了**确切的**数量。即便是婴儿都可以判断，在视觉上连成一排的16个点比连成一排的8个点要“多”。一旦学会了数数，我们就可以决定如何将一个具体的数量放置在所有可能的数量范围中。我们还可以推断出，16是比8大的数字，因为从顺序上来说它出现得更靠后。以此类推，116比109大，16 000比8 000大。我们还可以判断，“8块鹅卵石”和“8头长颈鹿”从数量上来说是一样的，因为每组中都有8个独立的个体。每组的数量是一样的，即使这两组在外表上非常不同。

幼儿通常在3岁左右就已经可以数很多数字了。但是研究指出，这并**不**等同于理解这些标签在数学上的含义。尽管如此，在不同的环境中反复练习数数可以帮助儿童理解数数背后的**数字原理**，其中包含一一对应（在上面的例子中，一块鹅卵石对应一头长颈鹿）和每组中的每个物体都要数一次且只数一次。另一个原则是在数数的时候要按照一个固定的顺序，每次都按照同样的口头顺序。如果忘了或者落下了一个数字，数出来的总数就会不对。儿童会逐渐通过练习和体验了解到这些数字背后的意义。



在第二章中，根据婴儿对小数字和总体数量的体会，我们看到婴儿对数字有着清楚的、内在的“感觉”。一个心理学理论认为，大脑有一套“模拟数量表示”系统。这是一个用来判断数量的内在连续区域，数量越大，其中活跃的脑细胞就越多。这个模拟数量系统与一个识别小数字的内在系统相联系。内在的数量连续区域被婴儿和儿童（及动物）用来衡量任何类型的数量，包括尺寸、重量和数字，因此他们对数量能做出虽不准确但足够好的判断。尽管是不准确的，这些判断对日常活动来说够用了。这些判断理论上是基于模拟数量表示而得到的。因此儿童（及动物）可以区分大的数量，比如20和40。这个能力**对比例很敏感**。当两组数在总体的比例上有很大差异时（正如在20 ∶ 40中，比例是1 ∶ 2；比例越小越容易判断），儿童和动物能够在数量判断任务中表现很好。当数量差异很小时（例如20和22，比例是10 ∶ 11，非常接近于1），儿童和动物在判断数量时就会表现很差。

与此同时，儿童（和动物）可以很准确地判断小数字的大小（实际上，这只在1、2、3上得到过验证）。研究人员认为，小数字判断的相对准确性是基于一个将**对象个体化**（将特别的物体从环境中区分出的视觉能力）的感知系统之上的。一个例子是在第二章中提到过的米老鼠玩具实验。但是在某些情境中，对展示物的外表做出改变会对小数字系统的准确性造成相当大的影响。例如如果展示的是一个或两个圆点，但在视觉方面做了些改变（遮住的总面积、圆点的大小和画面的密集程度），婴儿就不再能区分1和2了。

尽管如此，目前研究人员认为，模拟数量系统和对象个体化系统是两个核心的大脑系统，决定了人类学习数字系统的能力。说到数字处理中的个体差异，关于有具体障碍（**计算障碍**）的儿童是否在模拟数量表示方面也有缺陷，研究人员之间也持有不同的意见。现在没有任何关于计算障碍的理论指出对象个体化系统可能存在缺陷。即便如此，将数字作为一个符号系统来学习需要在学校中进行文化学习。简单来说，我们可以认为，就像我们所有人都可以学会说话，但并不是所有人都能很快、很好地学会阅读一样，我们所有人都可以识别大数字和小数字，但并不是所有人都能成为很出色的数学家。

学校中成功的数学学习有赖于儿童对数字名称和数字顺序有很好的了解。这样的儿童似乎对数字有着直觉般的敏感，这种敏感会在学校学习时得以强化。因此，早期学习数数、了解数数和实体之间的关系（一边爬楼梯一边数、借用“蛇爬梯子”一类的棋牌游戏来数、分享糖果的时候数），为掌握符号数字系统提供了社会和文化基础。在上学之前就学会“计数语言”，应该会在开始学算术和数学运算时给儿童带来好处。89

第六章

# 学习中的大脑

在不同的文化中，学校教育的一大目标都是将阅读、书写和数学等文化传统传递给下一代。第二大目标是将我们都具备的逻辑思维能力从我们的个人经验中剥离。个人经验极大地影响了我们如何在新的情境中运用逻辑推理。事实上，如果无法自己验证简单前提的真实性，**没受过学校教育的**成人将拒绝对这些前提进行演绎推理。如果遇到一个前提如此的演绎推理问题：

> 在很远的北方，积雪皑皑，所有的熊都是白色的。新地岛在很远的北方，那儿也总是积雪皑皑。那儿的熊是什么颜色呢？

住在平原的农民会拒绝回答这个问题。他们说他们不知道，提问的人应该去问住在那儿的人。而上学会帮助儿童区分逻辑和个人经验，并学着解答这类逻辑三段论问题。上学还能够帮助儿童意识到，什么时候要忽视他们关于前提是否可能的常识，这样他们才能根据已知的信息来推理。

大体来说，上学会帮助儿童成为“有思考能力的学习者”。上学期间，“元认知”技能（意识到自己的认知）会有巨大的进 90
步。例如通过上学，年龄大一些的儿童会学会如何克服影响成功推理的各种偏差，包括之后会提到的“确认偏差”。他们还会学会使记忆效果最大化的策略。同样，他们的“执行功能”技能（自我监控和自我调节）也会有飞速的发展。执行功能（EF）技能包括对自己的思考过程获得策略上的掌控，并且能够停下或“抑制”某些想法和动作。随着执行功能技能的发展，儿童会对自己的想法、感受和行为拥有有意识的掌控。



与此同时，学校提供了强大的社会学习体验，虽然不一定都是开心的体验。道德发展和亲社会发展都是在校园内增强的，关于霸凌及如何有效地控制别人也同样是在校园内了解的。确实，校园内的社交会让儿童卷入强烈的情感体验中。这些体验会进一步支持社会道德发展，会非常难忘，也会帮助儿童发展出“自传式的自我”。

## “元认知”知识

元认知行为是**自我反思的学习行为**，对于学业方面的成功是非常重要的。元认知知识包含对自己的信息处理技能进行反思的能力、监控自己的认知表现的能力和意识到不同认知任务所需要求的能力。元认知技能比较强的儿童在学校会更有优势。他们可以用元认知技能来使自己的学习效果最大化。例如，他们可以有意识地反思和调整自己的记忆及推理策略。

总体而言，儿童都比较擅长监控自己的记忆。例如，儿童很
91 清楚自己在记忆某类信息时的长处和短处。儿童在比较小的时候似乎就已经掌握了有些有助于记忆的策略，例如无声地反复背诵信息。一个实验比较了5岁儿童和7岁儿童在隔了一段时间后对一组照片的记忆情况。在一段时间内，只有10%的5岁儿童能够主动地背诵图片的名字。相反，60%的7岁儿童都在背诵。更进一步的研究指出，5岁儿童已经相当会使用背诵法了，但他们通常意识不到背诵会有帮助。儿童长大一些，了解到背诵法一类的记忆策略会有助于学习，这时他们才会更频繁地使用这些策略。

其他的记忆策略也有类似的发展效应。一个例子是以意义为基础的关联。在一个实验中，4岁儿童和6岁儿童分别玩了一个记忆游戏，先在小房子里藏玩具小人（医生、农民、警察）。这个游戏要儿童根据要求拿回小人，房子的门上有小小的图片提示，比如**注射器**、**拖拉机**或**警车**。实验员发现，6岁儿童比4岁儿童更倾向于用标志来帮助他们记忆。年龄大一点的儿童会将医生放在有注射器标志的房子里，把警察放在有警车标志的房子里。因此，对年龄小一点的儿童而言，问题可能出在没有**意识到**其中有个可以帮助记忆的关联策略。4岁儿童能够意识到注射器和医生之间的关联，他们只是不会在游戏中利用这种关联。

一个决定后期记忆发展的主要方面是儿童关于记忆运作方式的逐步了解。对自己的记忆行为进行监控和调节能够帮助提高表现。儿童会学着了解自己的长处和短处，并且知道不同的课堂任务所包含的要求。他们还会学着了解他们可以使用的
92 不同记忆策略，了解自己所记忆的内容。另外，儿童会越来越擅

长将一系列策略**组合起来**。在一个实验中，4到8岁的儿童观看了几段视频，视频中的儿童试图通过翻看相簿来记住关于假期的10件事。有些儿童会给照片贴标签，有些会默默地翻看。这些观看视频的儿童对同样的任务有了提前的了解。研究人员发现，会对策略行为进行思考和解释（"这能让它们进到我的脑袋里"）的儿童在记忆时是最成功的。记忆能力的增强常被称为**开窍**，即突然发现某个策略可以很有用。一旦有了这个发现，儿童就能继续使用这一特别策略来帮助提高记忆效果。

对个人成功经验的自我监控也很重要。研究人员用了一系列的量表来评估儿童在自我监控方面的个体差异。儿童可能会被要求判断"学习的难易程度"，或判断自己的学习能力，或给"知晓感"打分。在一个实验中，6到12岁的儿童被要求记住"简单"和"困难"的材料（简单的材料是记住很有关联的词，例如"鞋子–袜子"）。只有一部分儿童会花更多时间记忆困难的内容，而且总体上是年龄大一点的儿童。尽管年龄小一点的儿童可以告诉实验员哪些词比较好记、哪些比较难记，但他们并不会根据"记忆的难易程度"改变策略。

其他对于元认知能力的测量，例如判断一个人学得有多好，似乎没有在年龄差距较大的儿童之间发现太多区别。事实上，儿童和成人对自己的学习往往都持有**过分乐观的**态度。儿童和成人给自己打的分都会比实际上的表现要好。但是，幼儿不太擅长计划自己的学习。例如，他们不太会决定什么策略适合某个特定的情境。相比年龄大一点的幼儿，年龄小一点的幼儿似乎更不容易追踪他们的记忆。目前，研究得到的观点是，幼儿的自我监控也发展得相对不错。自我调节技能（执行功能技 93

能）会继续发展，使得儿童能够将这个能力运用到**自己的学习行为**中。

## “执行功能”技能

执行功能能力可以让人对自己的思考过程获得策略性的掌控。执行功能包括策略性地抑制某些想法或行为的能力，对自己的想法、感受和行为进行有意识的控制的能力，以及在面对改变时能够灵活应对的能力。所有这些技能都会逐渐发展，但是在小学阶段，执行功能会有突然的迅猛发展。执行功能技能在发展速度上的个体差异与总体的认知能力（非语言智商）、语言技能和“工作记忆”能力有关（本章稍后会继续提到）。



幼儿的执行功能能力通常是通过延迟满足之类的任务来测量的。例如，儿童能看得见玻璃杯罩着的一颗糖，但要等到实验员摇了铃铛之后才可以去拿。执行功能能力还可以通过“冲突”任务来测量。在冲突（指的是思维冲突）任务中，简单的（最**明显的**）答案是错误的答案。例如，儿童可能要对着一幅画了月亮的画说“白天”，对着画了太阳的画说“晚上”。这个任务还测量了“抑制控制”。抑制控制是儿童在特定情况下抑制**不正确**答案的能力，即使这个答案是习惯性的答案。有着良好抑制控制能力的儿童可以刻意地调节情绪反应，并且抑制不恰当的行为。这会提升他们的社会体验和学习能力。



执行功能能力与学业上的成功有着重要的发展关联。例如，抑制和任务无关的信息的能力对有效的课堂学习是很重要的。有专注力障碍的儿童会觉得很难进行抑制控制。他们可能会在课堂中表现得很冲动并且会搞破坏。他们无法忽略不相关的信息，这也会对他们的学习有负面影响，即使他们有很好的语言和非语言技能。有反社会行为障碍的儿童也缺乏抑制控制。这种缺乏通常会因贫乏的语言技能而显得更加严重。贫乏的语言技能会使得儿童很难通过自我对话来控制自己的想法、情绪和动作。

执行功能的另一个标志是认知灵活性。认知灵活性包含一些技能，例如在不同任务之间进行思维切换，同时在脑海里记住几个不同的观点。在脑海里同时记住几个不同的观点还要求有很好的“工作记忆”。计划是执行功能的另一个重要方面。例如，要有很好的自控能力就必须要整合有效的计划和有效的抑制控制。实验员发明了一些任务来区分抑制控制、工作记忆和注意灵活性等。目前有大量针对不同方面的研究。但是，实验通常显示，执行功能的所有方面是**共同**发展的。

执行功能任务中的表现还和第四章（“心理理论”）中提到的“心理状态”任务中的表现有很大的关联。这并不令人惊讶。执行功能任务测量的是儿童对自己的思维有多少了解。心理理论任务测量的是儿童对他人的思维有多少了解。考虑到性别差异时发现，在任何年龄段女童都超越了男童，可能是因为女童的语言技能普遍要发展得更快一些。





## 年长儿童的元认知和执行功能

随着儿童慢慢长大，他们对自己行为的策略性控制能力也在逐渐增强，不仅可以控制**认知**行为，而且可以控制**社会**行为。要想通过上学而受益，这些能力的发展是非常关键的，尤其是实验显示，抑制控制能力有缺陷的儿童在社交和认知方面都会受挫。就认知而言，一个人对自己心理过程的策略性控制支撑着有效的学习。要测量年长儿童是否能够抑制对无关信息的反应，通常是让他们追求一个在认知中存在的目标（即在脑海中不断去想一件事），而不是在环境中即刻可以得到奖励（用于幼儿的“玻璃里的糖”一类的任务）。这些实验中的“无关信息”包含了一系列认知和社会干扰项。



多种“与任务无关”的信息会妨碍高效的推理或高效的社会行为。例如，常识可能会妨碍“单纯的”推理。这既适用于成人也适用于儿童。类似地，儿童当下的欲望或情绪状态也会影响推理能力，冲突的信息（当儿童不清楚要抑制什么信息时）可以让正确的解决方法不那么容易被识别出来。对年龄大一些的儿童来说，典型的“抑制控制”任务包括要转换规则的规则遵守任务，例如将一副牌按颜色进行整理（红桃搭配方块），然后再按花色（红桃和梅花）进行整理。任务中有任意长短的延时，例如玩弹球游戏时如果没有得到“开始”的指令就不能玩。采用了这类任务的实验指出，儿童在抑制控制方面的个体差异并不取决于年龄、性别或智商。相反，个体差异仍旧取决于语言发展（口语能力）和“工作记忆”的发展。工作记忆对有效管理冲突的**心理**表征也很重要，例如在整理扑克牌的任
96 务中。

最近，发展心理学研究对“冷”执行功能和“热”执行功能做出了区分。当任务是用来测量纯粹的认知表现（例如一项数字学习任务）时，执行功能是**冷的**。当任务涉及情感事件或有重要情感后果的事件时，执行功能被认为是**热的**。在热的情境下，要实行抑制控制是更加困难的，对成人来说也是这样。关于如

何在高度情绪化的情境下做决定和判断的研究通常都会借用有输赢的赌博或电脑游戏。总体上，“冷”执行功能和“热”执行功能的发展方式是相似的，但也许与大脑中的不同区域有关。事实上，有关青少年的研究显示，相比幼儿，青少年在较为情绪化的情境下做判断的能力会**相对较低**。近期的研究指出，青少年的大脑经历了相当大程度的重塑，对执行功能技能造成了暂时的抑制。并且，青少年更容易受到同龄人的影响。因此，在（明显）存在社会排斥的“热”执行功能情境下，青少年的判断能力是很差的。青少年还倾向于只顾眼前、不看未来（他们会低估一个现在的选择对未来选择所造成的影响）。

## 工作记忆



“工作记忆”有效地将信息短暂存储在可以操纵信息的“大脑工作区”内。例如，“言语工作记忆”指的是大脑用言语存储信息的能力（也许同时正在找地方要写下来）。还有“视觉空间工作记忆”，指的是用“大脑的眼睛”来记住信息的能力。视觉空间工作记忆的一种形式是去想象一段信息的画面。工作记忆被概念化为“有限的能力”。多数人只能一次记住特定数量的信息。在被分心或干扰时，他们的工作记忆还可能会丢失这 97
部分信息。童年时期，工作记忆会随着年龄和经验增长，直到青春期的时候达到稳定水平，其中也有很大的个体差异。工作记忆不佳的儿童会很难记住指令，或在做课堂作业时忘记做到了哪儿，常常找不到自己的位置。工作记忆不佳会导致学习进度不快。人们现在还不能确切地知道导致工作记忆不佳的发展原因。工作记忆中的个体差异似乎和家庭中的社会和智力学习环境的质量无关。

言语工作记忆和“内在语言”这一概念有着重要的发展上的关联。我们有意识地记住信息（例如电话号码）或操纵信息（例如计划一系列行动）的时候，会**直觉地**发现我们在利用“我们脑袋里的声音”。维果茨基称，语言发展的一个重要阶段是3—4岁时言语的内化。这时正是儿童通常不再将他们的行为大声讲出来的时候。根据维果茨基的理论，“内在语言”接着会变成组织儿童认知活动和管理儿童行为的基础（见第七章）。

## 提高推理技能



抑制控制和工作记忆的发展都对推理能力的发展有着重要的影响。例如，年龄大一些的儿童比年龄小一些的儿童更擅长类比等复杂的归纳推理任务。要得出复杂的类比，儿童要同时在工作记忆中保留好几个前提。他们需要同时整合重要的关系和**抑制**无关的信息。年龄大一些的儿童表现得比年龄小一些的儿童要好，因为他们有更好的抑制控制和工作记忆。在
98 做演绎推理时，年龄大一些的儿童甚至可以超越老年人。一个例子是解答“有冲突的”三段论。在有冲突的三段论中，常识和逻辑是不一致的。例如：“所有的哺乳动物都可以行走。鲸鱼是哺乳动物。所以鲸鱼可以行走。”一个没有冲突的三段论可能是：“所有的哺乳动物都可以行走。大猩猩是哺乳动物。所以大猩猩可以行走。”“鲸鱼可以行走”是从前提出发的准确的逻辑演绎。要给出正确的答案，就要能够抑制“鲸鱼不可以行走”这一常识。研究显示，幼儿和老年人在这类三段论问题上表现得都不如年龄大一些的儿童。幼儿在抑制常识方面

不太擅长，而老年人会受限于由年龄引起的抑制控制能力的下降。

当然，要顺利地抑制无关的背景信息，就得先知道这些信息。这意味着，幼儿可能在某些演绎推理问题中表现得**更**好，因为他们不具备某些背景信息。当社会刻板印象会阻碍推理能力时，6岁的儿童甚至能在统计“基准”问题上超过成人。在一个实验中被试者得知，有30个女孩子，其中有10个想要做啦啦队长，20个想进学校乐队。然后他们被问道“喜欢和人来往的、受欢迎又漂亮的女孩”是更容易去竞选啦啦队长还是去乐队。相比成人，儿童更容易给出正确答案（乐队）。6岁儿童并不知道关于啦啦队长的社会刻板印象，所以这影响不到他们对概率的判断。



## 从新手到专家

总体而言，在校学习阶段中，儿童会从对超出个人经验的世界几乎一无所知的**新手**，变成相对而言的**专家**。获取更多的知识是专业知识的发展动力。确实，专家在组织记忆的方法上和新手有所不同。关于天才儿童的实验，例如在国际象棋领域，显 99
示了专业知识并不仅仅是随时间而增长。小小象棋大师已经比赛了很多次，他已经累积的象棋知识使他足以打败成人。关于专业知识的实验显示，已有知识的深度对**新信息**的编码及存储方式有着极大的影响。专业知识还能提高回忆信息的效率。确实，针对儿童“足球专家”的研究指出，就记忆力表现而言，知识——非常多的专业知识——比广义的认知能力还要重要。因此，“熟能生巧”这一说法确实指出了知识累积的重要方面。

## 科学推理和假设检验

传统上认为科学推理对幼儿来说太难了。但是，6岁的儿童就已经能够明白**检验假设**的目的了。在简单的问题中，他们还能区分针对假设确定性及不确定性的检验。例如，在一个实验中，6岁和8岁的儿童听到了一个关于兄弟俩的故事，这对兄弟俩以为他们的屋子里住了一只老鼠。一人认为这只老鼠是“大爸爸老鼠”，而另一人认为它是“小婴儿老鼠”。为检验想法，兄弟俩准备在晚上把放了芝士诱饵的盒子留在外面。儿童看到了这两个盒子，一个的开口很大，另一个的开口很小。他们被问道：要证明谁是对的，兄弟俩应该用哪个盒子。大多数儿童认为兄弟俩应该用开口**小**的盒子。如果第二天芝士不在了，就说明老鼠很小。如果芝士还在，就说明老鼠一定很大。



当情境中有多个共存的因果变量时，儿童（和成人）都会觉得更难检验假设。当已有的知识妨碍了检验的设计时，假设检
100 验也会更加困难。虽然儿童对因果关系的基本直觉通常是正确的，但为区分不同理论而整合多种线索的能力会以相对缓慢的速度发展。例如，在一项研究中，11岁和14岁的被试者都不能辨别出寄宿学校中的哪种食物让学生得了感冒。11岁和14岁的被试者看了食物的图片（例如苹果、薯条、燕麦杂粮和可口可乐）。这些食物与学生在学校是否得了感冒（学生图片在食物图片旁出现）有系统的相关关系。尽管如此，只有30%的11岁被试者和50%的14岁被试者能够找到关键的食物。多数错误都是，因为一个学生在一种情形下吃了某种食物后得了感冒，就认为是这种食物导致了感冒（“包含错误”）。

图7　测试儿童的因果推理能力

造成这些系统性包含错误的部分原因似乎是儿童已有的因果认识。在食物研究中，儿童也许对哪种食物是健康的有很明确的观点。这种已有知识可能会妨碍他们识别出那些和感冒系统相关的食物（其中一个是通常被认为是健康的苹果，见图7）。人们推理时还有一个很强的"确认偏差"，这在所有年龄段的人身上都能找到——我们倾向于去寻找**和我们先前想法一致的**因果线索。这是在众多领域（例如科学、经济、法律和课堂中的科学推理）导致推论错误的一个主要原因。



随着儿童对推理过程越来越了解并且能进行策略性的反思，推理能力像记忆力一样也会得到提高。例如，在儿童发现可能有多个原因导致了某一个结果后，他们就能想出更好的办法来检验假设。现实生活中的多数因果推理问题是多维度的，
101 多数的科学问题也同样如此。为了找出可能的结果，我们在推理时不能将原因和结果割裂开来。随着年龄增长，儿童会越来越擅长发现不同归因维度的相互关联和处理多维度问题。这通常是由提高了的工作记忆能力来主导的。儿童也会更擅长克服"确认偏差"。

另外，科学推理技能的**直接教授**也会帮助儿童在不被先前想法影响的情况下，做出符合逻辑的推理。这比听上去要困难，因为先前存在的想法有很强的影响力。当然，在很多社会情境下，我们如果以先前存在的想法为基础进行推理，会更有优势。这是我们形成刻板印象的一个原因，我们先前提到过，它对社会道德推理有重要作用（例如通过"内群体"和"外群体"，见第四章）。

## 拓展道德发展

类似学校这样的社区提供了强大的社会学习机会，这意味着，道德推理中的重要改变也会在学生时代的后期发生。我们在第四章中看到了，即使是幼儿也能够区分道德（不要故意地造成伤害或不公）和社会约定（取决于环境的规则，例如穿校服）。与此同时，当要记住相冲突的信息时，例如当要考虑不止一个人的需求时，幼儿会很难做出道德判断。当执行功能、工作记忆和元认知能力的提高增强了对复杂状态的掌控能力之后，儿童的道德思考会变得更加细致和复杂。

一个有趣的例子是“旁观者行为”。有一组实验探究了儿童的道德直觉：如果他们看见了某人不小心把钱掉在地上，他们该怎么做。参与实验的儿童（8岁）认为私吞这笔钱是错的，13岁的青少年很可能会认为他们应该可以保留这笔钱，但16岁的青少年会和8岁的儿童一样，认为私吞这笔钱是不对的。经过询问发现，13岁青少年的理由是：钱的主人即便没看见钱掉了，也已经失去了这笔钱，所以私吞没有问题。16岁的青少年会意识到，看到钱掉下来使得他们有义务将钱归还给失主。而8岁的儿童则简单地认为钱是失主的财产，所以应该归还。有趣的是，如果被告知失主是残疾人，所有年龄组都会想要归还这笔钱。



社会约定在不同文化中也是不同的，儿童对自己文化中社会约定的思考反映了他们对社会结构及其背后的社会驱动力有着越来越多的了解。儿童（10岁）会假设规则由掌权的人来设定，而青少年则会意识到规则本身是不确定的。但是，年龄小一些的青少年（13岁）会将社会规则理解为权威的命令，而年龄大一些的青少年（16岁及以上）则明白社会约定只有在更广泛的社会框架中才有意义。社会约定用于支撑一个有着固定角色和职责的**社会体系**。其中存在着文化差异：在更加传统的文化中长大的人不太会认为社会约定可以被改变。但正如逻辑推理，一个发展中的主要因素是，一个人对自己的知识和理解进行**反思**以获得更深刻见解的能力。

就社会约定的某些方面而言，这种反思会使人意识到不一致性。例如，关于性别规范的社会传统（不同文化中有很大的差异）也许和关于什么是公平公正的道德思考有矛盾之处。一些研究指出，女性更容易发展出“以关怀为主的道德意识”，即优
104 先考虑他人的需求。而男性更容易发展出“以公正为主的道德意识”，即以公平为道德衡量标准。然而大规模的元分析研究指出，在道德发展方面，两性之间的相似远远超过差异。



也有人认为，儿童**自己的经历**为道德反思提供了原材料。例如没来由地被肢体攻击、偷窃或嘲笑，所带来的情感体验可能会让儿童理解什么叫作被不公正地伤害。更深刻的理解在某种意义上也是一把双刃剑，因为它会提高儿童对他人伤人的话或行为的敏感度。更深刻的理解也许甚至会帮助一些儿童变成更厉害的霸凌者。这些儿童会利用他们对群体关系的理解来有策略地通过抬高或贬低某些同伴，提高自己的社会地位。某些研究显示，霸凌者比其他儿童有更好的换位思考能力和执行功能。此外，更好的理解也可以被用来保护自己，避免不公平的伤害发生在自己身上。

最后，另一个有趣的发展变化会发生在学生生涯的后期，即儿童会越来越关心自己生活中的**隐私部分**。年龄大一些的儿童

会越来越关注偏好和选择一类的问题，这类问题并不关乎对错，例如谁是他们的朋友、他们喜欢什么音乐、他们穿什么衣服。因此，随着渐渐长大，他们会寻求对个人生活中的这些方面建立越来越多的掌控。对个人决定获得更多的掌控似乎可以帮助建立**自主意识**和**个人认同**。当然，也有些事情会引发和父母或权威人士之间的强烈冲突（“你不可以穿成这样出门！”）。但无论怎样，不同文化（包括比较传统或群体性的文化）中的儿童和青少年，都会热衷于捍卫自己的个人领域。这种**跨文化的相似性**
意味着，从成长的角度来说，捍卫自己的个人领域对更广泛的社 105
会认知发展是很重要的。例子包括发展出对个性、自主和权利的意识。

与“冷”执行功能技能和“热”执行功能技能的研究相同，道德发展研究也关注情绪在道德判断中的无意识角色。有研究人员认为，人们会**先**基于对一个情境的情绪反应而**行动**，然后再用逻辑推理来使他们的行为合理化。从成长的角度来说，这种因果颠倒的推理可能是儿童用来获得更深刻的道德认知的一个机制。研究指出，即使是幼儿也认为社会约定问题（例如校服）会涉及当事人的“冷”情感，他们还认为道德问题（例如刻意伤害他人）从情感上来说是“热的”。随着对道德和传统的思考变得越来越细致，发展中的重要因素似乎和主导推理能力发展的整体因素（工作记忆能力、执行功能、元认知能力和抑制控制）一致。总而言之，在学生生涯的后期，与年龄有关的变化主要发生在这些领域。这些领域的障碍也会影响认知和社会道德
的发展。 106

第七章

# 关于发展的理论和神经生物学

理论是由实验数据得出的、连贯的说明体系。理论可以帮助我们加深对儿童为何照此发展的理解。理论还能够帮助我们对儿童发展做出新的假设，并用实验来验证。通常，儿童发展理论基于不同年龄儿童行为的**观察**之上。本章会考察两个经典的理论：皮亚杰的逻辑思维发展理论和维果茨基的文化及语言对儿童发展影响的理论。

与此同时，近期神经生物学领域的进步，尤其是基因和脑成像，都在改变着经典的儿童心理学研究。我们在之前的章节中已经看到了一些例子。例如，皮亚杰的假说（即10个月大的婴儿不明白被藏起来的物品仍旧存在）已经在对3个月大的婴儿进行的脑电图实验中遭到质疑（见第二章）。脑电图技术揭示了大脑对**意料之中**和**意料之外**的消失所做出的不同反应，即便在两个情境中婴儿都会看着空无一物的地方。现代基因技术解释了很多造成儿童之间**差异**的生理原因。尽管环境总是会对儿童的发展造成一定的影响，对基因和环境之间关系的更深刻的

理解很可能会冲击经典的发展理论。 107

一个例子是和抑制控制发展有关的D4受体基因。这个基因影响着正面和负面家庭教养方式对儿童的自我调节所造成的影响。本章将筛选神经生物学领域近期的一些说明性实例，并以此来评估儿童发展领域在21世纪的发展方向。

## 皮亚杰的理论：逻辑思维发展

皮亚杰（1896—1980）原先是一位生物学家，他早期研究的是软体动物。他对生物机体如何适应环境非常有兴趣。在之后的职业生涯中，他将实验方法用于研究人类认知的起源。从观察自己的三个孩子开始，皮亚杰建立了一套全面的理论来解释逻辑思维是如何出现并随着发展而改变的。他的一个关键假设是，婴儿天生的心理结构是有限的，此后会根据经验来适应环境。对环境的每次适应都会带来部分的**平衡**，但是接下来又会发现新的不适合这些结构的环境特征。因此，知识会相应地发展，不断地适应客体和事件的特点，直到发展为成人的心理结构。皮亚杰提出，儿童的知识结构会经历一系列阶段，儿童在不同的年龄段会以不同的方式思考和推理。

**感知运动阶段：0—2岁**。皮亚杰将知识结构称为**图式**，不同的发展阶段有着不同的图式。在婴儿期和幼儿期，思维被限定为**感知运动**图式。图式是行为与环境互动时的组织模式。婴儿通过看、听、摸和尝来获得知识，还依赖抓握和吮吸一类的运 108
动反应。这些行为创造了最基本的图式，这些图式协调起来，以便将一个东西抓起来然后放进嘴里等等。像这样，通过逐渐整合简单反射，高阶行为出现了，**有意图的**行动成为可能。例如，月龄大一点的婴儿可能会反复将东西丢在地上以观察它掉落的轨迹。

婴儿逐渐能够**预测**某些行动的后果。在皮亚杰看来，这个行为证明了儿童开始**内化**不同的感知运动图式。婴儿被认为是通过与环境的互动来积极地**建构**知识的。皮亚杰认为儿童会积极地获取知识，这一理论对教育领域有着极深远的影响。关于行动及其后果的知识的内化标志着概念思维的开启：独立于知觉和行动的**认知表征**。但是，在1970至2000年之间，很多发表的心理学实验显示，婴儿对客体的认知表征出现的时间似乎比皮亚杰认为的要早得多。最近，随着成人认知心理学领域中“具象化”理论的发展，感知运动知识根本的重要性得到了认同。即便在成人期，知觉和运动知识也是我们概念知识的一部分。因此，皮亚杰对“行动逻辑”的关注看来确实是相当有远见的。



**前运算阶段：2—7岁**。在感知运动思维之后发展出的大脑结构被称为“前运算”，因为它们只能负担部分的逻辑推理。要对支配客体行为和逻辑关系的逻辑概念有完整的理解，还需要进一步的发展。在**前运算阶段**，儿童忙着用不同的符号形式（文字、意象）将他们以行动为基础的感知运动概念变成更
109 有条理的心理结构。但是，他们的努力会受到很多前运算推理特点的限制，使得他们的心理结构还不能形成一个十分完整的系统。这些特点主要包括**自我中心主义**、**中心化**和**不可逆性**。前运算阶段的儿童是**自我中心的**，他们在思考、感受和理解世界时都是从自己的角度出发。他们往往将思考**集中于**问题或情境的某一个方面，而忽略其他方面。最后，他们还不

擅长为了全面了解一个问题而**倒推**心理步骤（例如在推理顺序中）。

皮亚杰主要研究的逻辑运算（“具体运算”）是**守恒性**、**传递性**、**序列化**和**类包含**（见图8）。他为了研究这些运算而设计出的简单任务现在已经被儿童心理学家重复过成百上千次了。例如，**守恒性**指的是儿童明白，在呈现方式被改变后，物品（例如筹码）并不会发生数量上的变化。皮亚杰认为，如果儿童认为数量被改变了，则证明他们不理解**不变性原理**，即数量不会随着外观

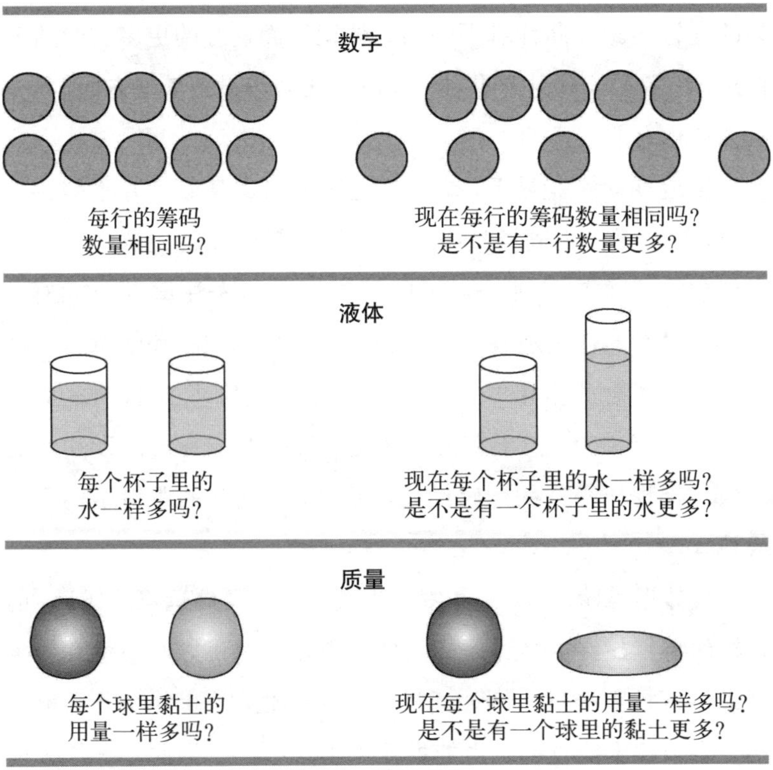


图8　皮亚杰守恒性任务的一些例子

的改变而变化。不变性原理是我们数字系统的基础，也为物质世界提供了稳定性（见第五章）。有的儿童会认为数量被改变了，这是因为他们可能只关注了那一行筹码的**长度**，而忽视了其他的知觉线索，例如两行筹码是1∶1对应的。

前运算阶段的自我中心主义、中心化和不可逆性都会造成儿童内在心理结构的**不平衡**。此外，守恒性任务中的语用部分，也许对幼儿而言意味着他们需要改变他们的回答，例如一个明显很重要的成人改变了一行筹码然后反复地问关于数量的问题。如果摆出的是“淘气的泰迪熊”而不是筹码，幼儿则不太容
110 易改变答案。近期针对不同的具体运算而进行的更多实验研究指出，许多不符合逻辑的回应取决于**任务场景的某些方面**，既有言语的也有非言语的。



更近期的实验显示，幼儿的逻辑能力本身似乎并不差。只是，幼儿缺乏在不同场景中有效运用逻辑所需的元认知和执行功能技能。确实，皮亚杰对于自我中心主义、关注重点（中心化）和换位思考的理论观察确实与当下关于抑制控制和注意灵活性的心理学概念非常相似。与皮亚杰的理论不同，当代研究对早
111 期的逻辑能力有着“丰富的”解读。研究人员不再假设幼儿**缺乏**成功推理所必需的逻辑结构，而是认为幼儿的逻辑结构还不成熟。

**具体运算阶段：7—11岁**。当儿童进入**具体运算**阶段后，前运算的特点最终会被克服。具体运算使儿童可以对数量和数字概念进行抽象推理。例如通过运用**传递性**具体运算，儿童可能不需要数积木检查答案也能推算出9＞7＞5。因此具体运算被认为是更加灵活和抽象的。随后的研究想要证明具体运算出现

的时间比皮亚杰提出的要早。但是，如何衡量“能力”是一个关键要素。如果一个具体运算，例如守恒性，严重依赖于评估任务的言语和非言语部分，我们怎么才能知道什么时候守恒性能力一定已经出现了呢？这个理论问题对于早期教育有着重要的实际影响。有些教育者认为，在认知上“做好准备”之前，儿童不应该学习某些类型的材料。但是教学本身会促使认知能力得到发展。皮亚杰的理论更注重知识发展的顺序，而非哪种心理结构会出现在哪个具体的**年龄**。

**形式运算阶段：11 岁至成人**。皮亚杰将成人化的思维定义为能够**在大脑中组合**不同具体运算的能力。皮亚杰称其为“二阶推理”。成人和青少年可以在大脑中将**传递性**一类的基本关系应用于客体及其关系。他们还可以结合传递性和1∶1对应等，以形成新的思维结构，例如类比。皮亚杰的形式运算和命题逻辑相似，都是一组主管假设和演绎的数学关系。因此，形式运算思维是**科学的**思维。确实，很多用来探索形式运算发展的皮亚杰测试都包含假设演绎推理。一个例子是提前判断一个特定 112
的物体掉进水里后是会浮起来还是沉下去。

在形式运算测验中，个人表现的好坏似乎取决于和具体运算中相同的因素。幼儿通常会被无关的信息干扰，因为他们的工作记忆容量较小、不太擅长抑制矛盾的或无关的信息，以及不太会对自己的认知活动进行反思。但是，并没有研究证实青少年会经历由具体运算到形式运算的**思维转变**，皮亚杰对“思维逻辑”（以心理结构来对照数学结构）的关注也可以被认为是有远见的。多数当代认知神经科学领域内的进步取决于精细算法的发展，精细算法显示了，单个脑细胞简单的开关反应如何构建了知识结构。这进一步发展了皮亚杰的观点：认知结构应该反映数学结构。

## 维果茨基的理论：文化和语言的重要性

尽管维果茨基（1896—1934）英年早逝，并没有完成大量的实验研究，但是他关于儿童认知发展的理论有极大的影响。维果茨基专注于研究**社会体验**和**文化**在大脑发展过程中所扮演的关键角色。皮亚杰的研究侧重于儿童作为个体如何通过行动塑造自己的大脑，而维果茨基则认为**与他人大脑**的碰撞塑造了一个人的心理发展。这些碰撞不仅仅包括社会互动，还包括与传递知识的、带有文化意义的人造物品的互动，例如符号和标志（文字、地图、计数系统、图像、艺术品）。最重要的符号系统是人类的语言。在维果茨基的理论中，语言是一个塑造认知发
113 展的**工具**，引导着思维和行动。当幼儿将言语和行动融合并发展出**内部语言**时，语言变成了用来组织内在心理活动的工具。确实作为成人，我们可以很自然地发现我们在用内部语言进行“思考”。

在之前的章节中我们已经提到过，社会环境对于认知发展的重要性。例如，共同关注时学习效果最好（第二章），关于心理状态的家庭讨论为社会道德发展提供了重要的背景（第四章）。维果茨基是第一位试着去**明确地**解释社会、文化和历史力量如何塑造儿童发展的理论家。他的见解在教育心理学领域内有着极大的影响力。确实，维果茨基起先负责教育“在课堂中被忽视的”儿童（例如有学习障碍的儿童），然后才发展出他的理论。当试图发展出适合所有学习者的教学方式时，维果茨基明

确地提出了一系列与心理发展有关的重要理论概念。一个是内部语言的概念，它使得儿童可以创造出一个关于过去活动和未来潜在行动的心理"时间场"。另一个是**最近发展区**，它被认为是有效学习的关键。

**最近发展区(ZPD)**。在皮亚杰的概念中，儿童的思维会参照其自身的时间表来逐渐发展。维果茨基则强调**老师**在发挥儿童潜能方面的重要性。例如，一个8岁的儿童也许可以在没有帮助的情况下解答8岁儿童能力水平的数学题，但如果有个老师可以引导的话，这个儿童也许可以解答10岁儿童能力水平的数学题。最近发展区（ZPD）就是：**独立**解决问题的水平和借助他人帮助所能达到的解决问题的水平之间的差距。与其让教学来匹配儿童**目前的**发展水平，维果茨基认为，更为重要的是让教学来匹配最近发展区。这样可以挖掘出儿童内在的潜能，并且取得最理想的教学成果。

维果茨基还意识到，游戏对儿童发展是至关重要的。他认为，创造出想象的场景，使得儿童可以借此学着理解成人世界，这是儿童心理极其重要的一部分。正如我们在第四章中看到的消防车游戏，儿童在假想游戏中创造并遵守规则，"游戏的规则"。他们遵守这些规则的强烈欲望会促进自我调节（执行功能）技能的发展。类似地，游戏的**象征**功能，例如将一块木头当作一个洋娃娃或一匹马，使得儿童可以脱离一个物品的现实意义，纯粹地将其运用在想象（符号）世界中。维果茨基认为，在玩耍时，儿童始终是在最近发展区之内活动的。因此，儿童在游戏中发展着抽象思维。他们不会受限于外表或环境。维果茨基认为，老师应该通过为儿童**刻意**创造游戏场景来充分利用游戏的重要性进行教导。如果儿童通过积极参与游戏而学到了什么，那么他们会自然将其转化为个人的理解。

维果茨基并没有机会通过实验来检验他自己关于儿童心理发展的理论。尽管如此，通过游戏来学习的重要性、语言发展对认知发展的重要性，以及学习的文化和社会环境的重要性，都是之前的章节提到过的研究主题。与此同时，一些俄罗斯心理学家认为，西方心理学误解了维果茨基的一些关键论点。例如，尽管维果茨基强调了社会环境对学习的重要性，他也认为老师应该将人类在社会文化发展中所获得的知识（例如数学知识）**直接教授给儿童**。维果茨基并不认为，每个儿童都需要通过行动
115 和游戏来自己发现这些知识。相反，类似语言的符号系统可以在教学中被用于这类知识的直接传递。



## 神经建构论：一个新的理论模型

正如之前提到的，从基因和脑成像中得到的新知识正揭示着儿童发展中的多种**生理限制**。神经建构论意识到，生理会影响儿童的发展，并试图提供一个系统框架来帮助我们理解这是如何发生的。严重的基因影响很容易被发现，例如遗传性耳聋。在这些案例中，很显然要为支持儿童的发展做出**调整**（例如用手语教学）。但是多数基因的作用很小，很多作用尚未被很好地了解。虽然如此，这些小的作用会影响大脑发展和支撑环境学习的脑细胞系统（通常以它们在大脑中的位置命名，例如“听觉皮层”或“额叶皮层”）的发展。脑细胞（神经）通过电信号来交换信息。这些低压信号通过名为突触的特别节点从一个神经元传递至另一个神经元。

神经建构论将**细胞变化**对心理发展的作用纳入考虑，例如神经递质（通过对神经突触的作用进而影响我们如何思考和感受的化学物质）的释放。该理论也考虑到了大脑中**神经连接**的影响，例如大脑中的系统如何直接地相互作用（例如视觉和听觉皮层的细胞网络之间只隔着几个神经突触）和如何远距离地相互作用（例如视觉感知信息要作用于注意力系统，需要跨越更多的突触节点以实现神经传递）。表1展示了神经建构论的主要框架。很明显，表1中的所有生理限制都会影响大脑的发展，进而影响心理表征的发展（认知发展）。与此同时，现在并没有多少研究能够给出各个生理限制**如何**影响儿童发展的实例。因 116
此，与其寻找生理限制（例如**基因表达**）如何影响神经结构和神经网络的实例，不如考虑我们总体上所了解的基因和神经功能对儿童发展的影响。

**表1 神经建构论中的生理限制**

| 限 制 | 说 明 |
|---|---|
| 基因限制 | 基因表达受到环境的影响。 |
| 细胞限制 | 其他细胞所提供的环境限制了神经发展。 |
| 大脑限制 | 大脑区域之间的连接限制了神经的功能。 |
| 身体限制 | 大脑处于身体中，而身体处于限制发展的物质和社会环境中。 |
| 环境限制 | 社会和物质环境限制神经表征的发展。 |
| 限制之间的相互作用 | 这些限制互相作用，塑造了奠定儿童发展基础的神经结构。 |

## 儿童发展和遗传学

一个基因无法决定一个儿童的发展轨迹。因此，当考虑基因对儿童发展的影响时，我们一定要强调，基因的作用**不是决定性的**。婴儿和儿童体验到的环境对他们的心理发展所造成的影
117 响要远远超过基因。与此同时，并不是所有的婴儿生下来都一样。即使是兄弟姐妹也不见得有同样的能力和潜能，尽管他们的基因来自同一对父母。内在的天资会有差异。有些婴儿可能会成为很有天赋的音乐家。然而，无论环境多么完善，也不是所有儿童都能成为了不起的音乐家。另外，我们可以相当肯定地说，如果一个儿童完全没有（或只有很少的）音乐天赋，那么这个儿童则**极难有可能**成为优秀的音乐家。

基因影响发展这一事实，实际上意味着我们应该试着**为所有的儿童**都提供最佳的早期学习环境，不论他们内在的天资如何。由于基因的差别，他们的个体差异会逐渐显现。如果有些儿童处于非常贫乏的早期学习环境，而其他儿童没有，那么这些儿童之间的个体差异将会更大。由恶劣环境造成的发展障碍会加深基因之间的差异。我们了解到和某个特殊技能或能力有关的基因，并不代表我们没办法采用其他方式去影响这个技能或能力的发展。

确实，当代基因研究中有一个有趣的论点：很多基因都是“多面手”。这些基因对儿童发展有着**广泛的**作用。一组基因能够影响多种多样的认知能力。极少有基因独立起作用。一个单独的基因可能可以决定眼睛的颜色，然而在现实中，大多数人携带着不同基因的多种变体，这些变体的**共同作用**使得我们更容

易或更不容易出现某一个特定的结果（例如成为有天赋的音乐家或有阅读障碍）。与此同时，基因的遗传性会与**性格特征**（例如动机）和**环境因素**（例如教育质量和营养水平）共同发生作用。另外，有些相当特定的环境影响会对受“多面手”基因影响的认知能力产生作用。因此，如果所有这些以特征为基础的影响和环境影响都在最佳水平，那么携带风险的基因所能造成的 118
影响将会被最小化。因此，如果一个儿童携带着很多会导致阅读障碍的风险变体，但这个儿童很努力地阅读，并处于一个非常好的早期口语环境，从第一天开始上学起就接受了极佳的阅读辅导，那么这个儿童的阅读能力可能并不会比其他儿童差到哪儿去。

**案例：DRD4——负责执行功能的基因？**为了说明基因信息对理解儿童发展的潜在作用，我们来讲一讲帮助调节神经递质**多巴胺传导**的基因。总体而言，当多巴胺在大脑中释放时，我们会感觉良好。多巴胺与奖赏、惩罚有关。但是，多巴胺还参与了很多其他的大脑功能，例如认知灵活性。多巴胺D4受体基因（在文献中被标注为DRD4）被详尽地研究过，因为当一个人刻意地集中注意力时，多巴胺似乎是参与其中的一个主要神经递质。因此，当这个神经递质不能被很好地释放出来时，要集中注意力——和实行**执行控制**——可能就会变得很难。

我们在第五和第六章中看到了，执行功能对认知和社会情绪发展是很重要的，而且执行功能技能发展中的个体差异部分源于家庭养育、语言发展和工作记忆方面的个体差异。另一个引发儿童执行功能技能中个体差异的原因，似乎就是DRD4基因。事实上，这种关系的一种表现是，携带DRD4基因的某一种变体（7号重复等位基因）似乎会给经历不良家庭教养的儿童带来更糟的结果。7号重复等位基因会**减少**多巴胺的信号传输。这似乎会阻碍奖赏和惩罚对学习的影响。例如，一些携带7号重复等位基因的儿童，在10个月大的时候经历了不良的家庭教养，他们在39个月大的时候相比其他儿童出现了更多的反社会行为。“负面的”家庭教养（见第四章——过多的惩罚、批评和严
119 厉管教）会使得这些携带7号重复等位基因的儿童表现出更多的反社会行为。在另一项研究中，经历了不良家庭教养的、携带7号重复等位基因的儿童，显示出极低的自我调节水平。还有研究显示，如果儿童**不**携带7号重复等位基因，那么正面的家庭教养会给抑制控制的发展带来更好的影响。这是“基因和环境相互作用”的实证。7号重复等位基因和家庭教养环境的相互作用，会部分决定执行功能技能在儿童早期的发展。因此，携带这一基因变体带来了在特定环境中可能会发展出较差的自我控制的发展风险或弱点。



**DRD4对发展的其他影响。**与此同时，我们应该强调，DRD4基因还有很多其他影响。一个有意思的、和儿童发展相关的影响来自另一个相当不同的发展领域，即阅读的学习。随着阅读发展中涉及的认知能力被越来越多地了解（见第五章），很多教育者开始发明电脑软件游戏来教授阅读的组合技巧。一项荷兰研究在最新研究成果的基础上，发明出一个电脑游戏，用来促进阅读的学习，并且在一系列学校中给有阅读障碍的儿童试用。出乎意料的是，这个游戏对有些儿童是非常有用的，而对有些儿童则并不十分有效。决定着谁能从这个游戏中受益的一个因素就是DRD4基因。在这个电脑游戏中，携带7号重复等位基因的

儿童学习阅读技巧的**效率不高**。原因似乎是他们在游戏中很难集中注意力，学习组合技巧时不那么高效。

这个例子强调了“多面手”基因的观点，显示出基因在多个不同的领域都可以对儿童发展产生正面和负面的作用。单个基因的实际作用，总是取决于其他很多的环境、气质因素。但即便如此，深入理解基因对发展的影响可以带来更加个性化的干 120
预方案。我们可能需要不同的干预方案来帮助这些有阅读障碍的、携带7号重复等位基因的儿童。随着基因研究的发展，个性化的学习环境支持会变得越来越完善。



## 认知神经科学和儿童发展

脑成像的新技术快速增进了我们对于奠定学习基础的神经生物机制的理解。这些见解最终会给儿童心理学这一学术领域带来改革性的转变。例如，关于儿童大脑到底**如何**发展出一个文字形式的心理词库的确切信息应该能为一些理论争议提供线索，例如人类是否有一个内在的“语言学习装置”（见第三章）。

深入探究和学习有关的生理**机制**很可能是格外重要的。例如，如果了解了语言理解中神经振荡的作用（这是大型脑细胞网络在有节奏地开启或关闭信号传递时所起到的作用），我们也许就能识别，还不会说话的两岁儿童中哪些会有出现语言障碍的风险（见第三章）。这是因为我们从针对成人的研究中了解到，脑波律动中的自然波动（由细胞发出电脉冲然后得到恢复所造成的，所以会持续地从一个“开”的状态波动或振荡到一个“关”的状态）是一个将信息编码的机制。听觉皮层的自然振荡和对话中的音量模式在同样的时间频率上（就好像下巴打开又合

上）。为了编码对话，成人的大脑会**重新匹配**这些内在的神经波动和言语中的起伏，这样电信号传导中的波峰和波谷会大致与
121 说话时音量的波峰和波谷保持一致。因此，如果破坏了振荡过程的**有效性**，语言学习很可能会中断。我只会给出两个神经生物学中的问题作为例子，这些问题看起来很可能对理解儿童心理学是十分重要的。

1. **婴儿的神经结构及机制是否和成人的神经结构及机制一样？** 一个关键的问题是，婴儿的大脑是否有着和成人的大脑本质上一样的结构（局部的神经网络），以及这些结构是否通过同样的机制实现着同样的功能。如果是这样的话，那么发展就基本上意味着要丰富这些结构之间的连接以及（可能要）通过体验发展出新的通路或功能。这样的神经富集取决于学习环境的质量。



答案似乎是：神经结构本质上是一样的，神经机制也是如此。例如，法国研究人员利用功能性磁共振（测量血流量）发现，婴儿在睡眠中听到对话时，大脑活跃的区域和成人用来处理对话的区域相同（“布洛卡区”一类的左脑结构）。通过直接记录婴儿大脑中的电信号传导（脑电图和脑磁图），德国研究人员发现，与声音信号中的幅度（音量）调制相对应的神经“振荡定位”（成人用来处理语言的机制之一）也存在于1个月大和3个月大的婴儿身上。在处理语言时婴儿的大脑与成人的大脑所运用的结构和机制似乎一致。成人和婴儿的大脑在结构和功能上存在相似性，这方面的其他数据来源于脸部处理、镜像神经元和

工作记忆领域内的研究。 122

2. **认知神经科学是否可以区分发展中的原因和结果？**第二个问题是如何区分大脑结构和功能上的发展**原因**和发展**结果**。目前，发展认知神经科学领域内的多数研究都是有关联的。例如，不同年龄段儿童参与的很多实验都显示了，前额叶的发展和执行功能（例如抑制控制）的发展有着重要的关联。但是，要区分哪个更先发展（更好的抑制控制，还是更好的神经连接）就很难了。和行为研究一样，超越关联研究的关键就是进行**纵向研究**。同样的一批儿童要在很长的一段时间内被追踪，这样神经变化和认知发展的顺序才能够被理解。



关于早期识字的脑成像研究反映了对这类方法论的需求。大脑并不是为了阅读而进化的，所以当儿童学着阅读时，现有的神经结构和功能需要经过调整才能完成这个任务。大脑区域，例如视觉皮质（字母识别）、听觉皮质（口头语言识别）、跨通道区（将文字与声音关联）和运动区（大声朗读），都会发展出连接，最终构成一个用于阅读的神经系统。在一项纵向研究中，5岁说英语的儿童在学习字母的时候就参与实验。当这些儿童最初看到不同的字母时，脑成像（fMRI）显示了视觉皮质（“梭形区域”）的明显激活。这并不令人意外，因为儿童正在**看着**这些字母。然后儿童体验到了关于字母的多感官教学。他们学着在故事书中认字母、写字母、用他们的手指来描绘字母的形状等。在这种教学之后，在儿童正在看字母时，实验员第二次获取了脑 123

成像。这一次，除视觉皮质的明显激活之外，研究人员还发现了**运动皮质区**（腹侧运动前区）的明显激活。因此，尽管儿童并没有用手指或书写字母，大脑中的**运动**区也对**视觉**形态的字母做出了反应。这类研究表明，多感官学习会帮助儿童的部分原因在于，这会给同一个信息带来多感官记录——这些记录在直接的教学之前是不存在的。

## 展望未来



更多的神经生物学研究显然会丰富我们对儿童心理学的理解。尽管如此，仍然值得强调的是，神经科学领域所获得的信息永远不能**取代**心理层面的理解的重要性。影响儿童发展的最简单也最有效的方式，就是提供尽可能好的学习环境，在儿童生活的各个方面——在家、在托儿所、在学校和在广泛的文化及社会环境中。因此，虽然一些知识是很重要的（例如额叶皮质的发展与更好的自我管理技能的发展相关），但是**促进**额叶皮质**发展**的方式是在环境中。相比没有机会进行自我管理的儿童，有机会练习的儿童（例如通过自发的和有成人引导的假装游戏）很可能会更快地发展出类似成人般的额叶皮质。认知神经科学仍面临着要区分儿童心理学中的原因与结果的挑战。考虑到大脑有大约860亿个神经元，科学家还要花很长一段时间才能解决前方
124 的一些挑战性难题。

# 索　引

（条目后的数字为原书页码，见本书边码）

## A



## B



## C

## D



## E



## F



## G

## N



## O



## P

## R



## S



## T

## V



## W



## Z

Usha Goswami

# CHILD PSYCHOLOGY

## A Very Short Introduction

*To My Nephew*
*Zachary Thomas Goswami-Myerscough*
*In Memoriam*

# Contents

# List of illustrations



The publisher and author apologize for any errors or omissions in this list. If contacted they will be happy to rectify these at the earliest opportunity.

# Introduction

These are exciting times in child psychology. New techniques in brain imaging and genetics have given us important new insights into how children develop, think, and learn. This *Very Short Introduction* will summarize recent research on cognitive development and social/emotional development, focusing largely on the years 0–10. Cognitive development covers how children think, learn, and reason. Social/emotional development covers how children develop relationships, a sense of self, and the ability to control their emotions. Social and emotional well-being are intrinsically connected to cognitive growth. A child who is happy and secure in their family, peer group, and larger social environment is well placed to fulfil their cognitive potential. Children who are growing up in environments that make them anxious or fearful will find it more difficult to thrive, cognitively as well as emotionally.

Fortunately, creating optimal environments for young children requires factors that are available to everyone. These factors are time, patience, and love. Studies in child psychology have shown that *warmth* and *responsive contingency* are the key to optimal developmental outcomes. 'Responsive contingency' simply means responding to the overtures of the child immediately, and keeping the focus on the child's chosen focus of interest. Effective learning happens when the child experiences a 'supportive consequence' to their overture. Even young infants are not passive learners. Infants are active in choosing what to attend to, and in engaging the attention of others. When a toddler asks for a particular toy, a carer who responds by giving them the toy and extending the interaction ('Here's teddy. I think he is hungry!') is supporting cognitive development. A carer who *consistently* (not occasionally) ignores the child or responds by saying 'Be quiet. You don't need that now' is not supporting cognitive development. A child who is consistently neglected or ignored or treated without warmth is at risk for impaired social, cognitive, and academic outcomes.

As well as warm and responsive caretaking, a key factor for child development is *language*. Both the quality and the quantity of language matter. The child's brain is a learning machine, and the brain requires sufficient *input* to learn effectively. Studies of toddlers suggest that they hear over 5,000 utterances every day. Indeed, one US study suggested that children living in homes with higher incomes heard on average 487 utterances per hour. In contrast, children in homes with lower incomes heard on average 178 utterances per hour. The authors calculated that by the age of 4 years, the higher-income children had heard about 44 million utterances. The lower-income children had heard about 12 million. Environmental differences like this have very important consequences for the brain. As we will see, the optimal development of grammar (knowledge about language structure) and phonology (knowledge about the sound elements in words) depends on the brain experiencing sufficient linguistic input. So quantity of language matters.

The *quality* of the language used with young children is also important. The easiest way to extend the quality of language is with interactions around books. Even looking at the pictures in a book together and chatting about them will lead to the use of more complex grammatical forms and the introduction of novel concepts. The language needed for simple caretaking activities is not very complex, although it is important for cementing routines.

Interacting with books every day with a child automatically introduces more complex language, and consequently provides an enormous stimulus to cognitive development. Indeed, studies show that the richness of language input in the early years has effects not just on later intellectual skills, but also on emotional skills such as resolving conflicts with peers.

Natural conversations, focused on real events in the here and now, are those which are critical for optimal development. Despite this evidence, just talking to young children is still not valued strongly in many environments. Some studies find that over 60 per cent of utterances to young children are 'empty language'—phrases such as 'stop that', 'don't go there', and 'leave that alone'. Obviously, such phrases can be a necessary part of daily interactions with a young child. However, studies of children who experience high levels of such 'restricted language' reveal a negative impact on later cognitive, social, and academic development. Effective caretakers use language to support and 'scaffold' the child's activities. For example, a child might be stirring a puddle with a stick. Rather than saying 'Stop doing that, you'll get dirty!', a carer could say 'Are you using the stick to stir that puddle? Look at the circles you are making. Can you make the circles go round the other way? Yes, good job!' Such a response extends the 'learning environment' around the *child's* chosen focus of attention.

When reading the rest of this book, keep in mind that the child is an *active* learner, not a passive learner. If children experience early learning environments at home, at nursery, and in school that are warm, responsively contingent, and linguistically rich, then the young brain will have the best opportunity for optimal development. These learning environments support all the amazing cognitive and social capacities that develop so rapidly in all infants and children. I shall discuss some of these capacities in the rest of this book.

# Chapter 1
# Babies and what they know

## Early learning

The baby's brain starts to learn inside the womb. By the third trimester (months 6–9), the infant can hear their mother's voice. Indeed, despite the filtering effect of the amniotic fluid, at birth babies can distinguish their mother's voice from that of a strange female. This was shown by a famous 'sucking' experiment, in which newborn babies were given a dummy to suck. First, their natural or 'baseline' sucking rate was measured. Next, the infants were played a tape recording of their mother reading a story. Each time their suck rate increased above baseline, the tape would play. Each time the suck rate dropped below baseline, a strange female voice would be heard instead, reading the same story. The infants rapidly learned to suck fast to hear their mother's voice. The following day, the experimenters reversed the contingency. Now *slower* sucking was required to hear their mother's voice—and the babies reversed their suck rates. Similar 'sucking' experiments have been done using story reading. Mothers read a particular story every day to their 'bump' during the final trimester. At birth, the infants could distinguish the familiar story from a novel story. Indeed, sucking experiments have even shown that infants can learn music inside the womb. Infants whose mothers were fans of the soap opera *Neighbours* were able to recognize the *Neighbours* theme tune at birth.

Babies also move a lot inside the womb. Even by the 15th week, the foetus can use a number of distinct movement patterns. These include a 'yawn and stretch' position and a 'stepping' pattern used for self-rotation. Aspects of the intra-uterine environment, such as the regular heartbeat of the mother, also seem to be learned, and can subsequently have a soothing effect. Studies have shown heartrate deceleration in the foetus in response to certain sounds (thought to index attention). They have also shown habituation (lack of change) of heart rate to familiar stimuli, thought to indicate learning. Therefore, foetal studies show that the infant brain is already learning, remembering, and attending, even inside the womb.

Most of the brain cells that comprise the brain are actually formed before birth. Because of this, if the *environment* inside the womb contains excessive toxins, such as excessive alcohol or drugs (i.e. alcoholism or drug addiction, not the odd glass of wine), this will affect brain development. These effects are not reversible, although the environment that is experienced following birth can remediate negative effects to some extent. The brain itself remains plastic throughout the life of the individual. However, plasticity is largely achieved by the brain growing connections between brain cells that are already there. *Any environmental input* will cause new connections to form. At the same time, connections that are not used much will be pruned. Therefore, no single experience can have disastrous developmental consequences. On the other hand, the *consistency* of what is experienced will be important in determining which connections are pruned and which are retained. If a child consistently experiences warmth and love, different connections will be strengthened compared to a child who consistently experiences anxiety and fear.



One reason that the early years are so important is that the brain is in effect a machine for learning. The brain cells are ready to go even before birth. They also have certain inbuilt ways of processing information, which research has uncovered. The early capability of this learning machine determines the efficiency of later learning. At birth, brains are not so different. They all have the same inbuilt ways of processing information. However, a brain that is offered early advantages can develop its early architecture more efficiently. So a brain that is born into an optimal learning environment will do better over a person's lifetime than a brain that is faced with a less optimal early environment. On the other hand, the malleability of the early brain means that interventions can always have an effect. Interventions, such as changing an environment (e.g., by being fostered), can support the strengthening of the connections that process information more optimally or efficiently. This is particularly the case during the first few years of life. So improving a child's environment will always have a positive effect on later developmental outcomes.

Finally, there are always *individual differences* between brains. At birth, individual differences are primarily in sensory processing (such as the efficiency of neural mechanisms for seeing or hearing) and lability (fussiness, or speed to respond to stimuli). It is the *environment* that will determine whether these individual differences, which characterize all of us, have trivial or more measurable consequences. Brains whose biology makes them less efficient in particular and measurable aspects of processing seem to be at risk in specific areas of development. For example, when auditory processing is less efficient, this can carry a risk of later language impairment. Individual differences are not deterministic: less efficiency does not automatically mean a developmental impairment. Usually, as long as the environment is rich enough, sufficient learning experiences enable less efficient brains to reach similar developmental end points to more efficient brains. However, early awareness of impaired efficiency can enable useful environmental interventions. An extreme example is deafness. In some cases of deafness, a small microchip (called a cochlear implant) can be inserted close to the ear in infancy, and for some cochlear implant children, oral language development is then as good as for hearing children.

Further, even identical twins who developed from the same egg will have different brains. It is not yet clear why this is. One possibility is that these individual differences may depend on the environment inside the womb, which will be experienced slightly differently by each baby. One twin is usually dominant, so perhaps always changes their position first. The other twin must then accommodate this change by changing their position. So the second twin has a different intra-uterine experience to the first twin. Nevertheless, identical twin research shows that biology is never destiny (see Chapter 7). The environment will always have a major impact on child development. The environments in which children develop are governed by their families, their nurseries and schools, and wider society.

## People, faces, and eyes



Other people are by far the most interesting things in the world of the baby. Research shows that infants are fascinated by faces from birth. Indeed, there is a specialized brain system for face processing, which seems to function in the same way in infants and adults. Experiments with neonates and young infants show that faces are always preferred over other stimuli, particularly live, mobile faces. The eyes are especially interesting. Newborn infants prefer to look at faces with eyes gazing directly at them. They dislike looking at faces with eyes that are averted. Babies also react negatively to a 'still face'—an experimental situation in which the mother deliberately suspends interaction with the baby and just looks blank. Presented with a 'still face', babies become fussy and upset and look away. The 'still face'—maternal unresponsiveness—also causes elevated levels of the stress hormone cortisol for some babies. Mothers who are clinically depressed show features of 'still face' behaviour.

Some psychological theories argue that *social rejection* is the most powerful form of psychological suffering. For example, Philippe Rochat (2009) suggests that infants' upset reaction to a 'still face' is early evidence for the importance of social interaction in forming a concept of the self. According to these 'socio-cultural' theories of child development, our 'self' is defined by how others react to us. If others are positive to us and interact warmly with us, we feel good about ourselves. If others are hostile or ignoring, we feel bad about ourselves. Socio-cultural theories also argue that our need to avoid social separation and rejection (e.g., avoiding bullying and punishment) determines much of our behaviour. We all need social proximity and intimacy. The forms of proximity and intimacy offered by our environments determine how we think about who we are.

Newborn infants will also imitate facial gestures made by adults. This suggests that babies are intuitively aware of their own bodies. Babies are also immediately engaged by what other people are doing. In one famous study carried out in a maternity hospital (see Figure 1), infants aged from 1 hour old imitated an adult who was either opening his mouth or sticking out his tongue. To test imitation experimentally, the infants were tested in a dark room with their mothers. A light would come on and illuminate the experimenter's face. He either stuck out his tongue, or opened his mouth wide. After 20 seconds, the light went out, and the infant was filmed in the dark. The infants stuck out their tongues more after watching tongue protrusion, and opened their mouths wide more after watching mouth opening.

The capacity to imitate is probably underpinned by a brain system called the 'mirror neuron' system. 'Mirror neuron' brain cells are involved in matching actions to feelings. Mirror neurons are active both when you are watching someone else do something, and when you are doing the same action yourself. For example, the same brain cells are active if you pick up a stick, or if you watch someone else pick up a stick. Therefore, this brain system is thought to be one basis for a shared or 'common code' between the self and others. In order to copy an observed gesture in the dark, babies must be able to map the actions of someone else onto their

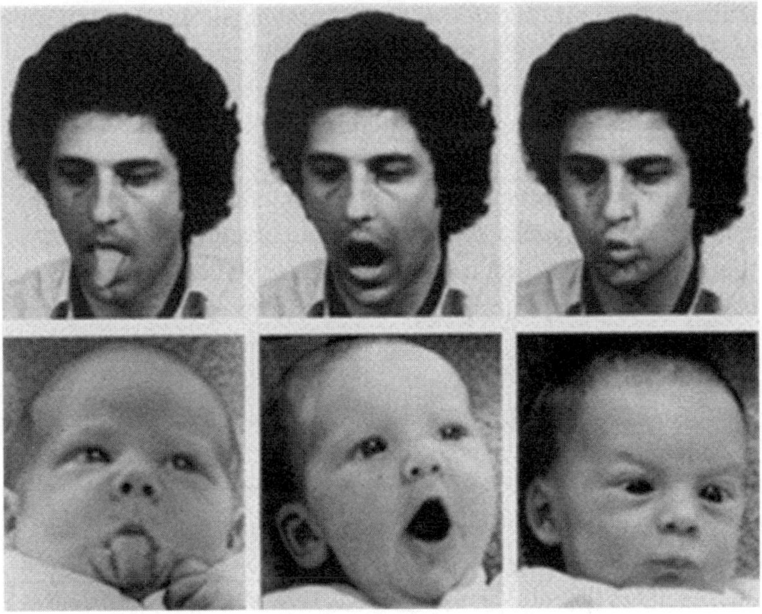

**1. Even new-born babies can imitate adult facial gestures**



own bodies. This means that they are recognizing that another person is somehow 'like me'. This was shown experimentally by demonstrating that infants do *not* imitate actions made by animated robots. They are apparently aware that a robot is not a human agent. Older infants also imitate people's actions that were never completed successfully. For example, a baby might watch someone trying to put a string of beads into a jar, and yet always missing the jar's opening. When the baby is allowed to play with the beads, they are put straight into the jar. This shows that babies are aware of the *intentions* of other humans. They are not simply imitating their exact physical movements.

## Communicative intentions

Intrinsic interest in people's faces and eyes has been linked to how infants are able to acquire language. The argument is that the ability to recognize *intentions* is of central importance. When we speak to someone, we intend them to understand our meaning. Newborn babies have a number of abilities that help them to recognize the 'communicative intentions' of others.

First, babies like direct eye gaze. Even for adults, when someone is looking directly into your eyes and establishing eye contact, this is a signal that you are both 'on line' for talking. Secondly, babies can take turns. All conversation involves turn-taking, and breast feeding is the prototypical turn-taking experience. Both breastfeeding and bottle feeding are characterized by the infant sucking and stopping. When the baby stops, the mother jiggles the infant, who then starts sucking again. Pausing is *not* dependent on needing to breathe or on being full—babies could suck continuously if they wanted to. And jiggling never occurs while the baby is sucking. In fact, the research shows that jiggling doesn't affect the total amount of milk that is taken. Nevertheless, sucking and jiggling are done in turns. This is like the turn-taking pattern of human conversation.



Thirdly, infants are able to detect contingencies. They are aware from very early that some events are intrinsically related (or contingent upon) each other. Sucking and jiggling during breast- or bottle-feeding is one example of 'contingent responsivity'. Each action is contingent upon the occurrence of the other action. Contingent responsivity is an essential property of human interaction, and is an important concept in child psychology. Contingent responding by caretakers promotes healthy psychological development. There are many examples of infants' recognition of contingency. For example, one clever study filmed babies kicking (young babies spend a lot of time kicking). The babies were then given a choice of two films to watch. One film showed their own legs kicking in real time. The other film also showed their own legs, but with a time delay. So in the second film, there was no contingency or intrinsic link between what the infants could feel their legs doing, and what they could see. The experimenters found that babies preferred to watch the contingent video.

Finally, carers tend to use a special tone of voice to talk to babies. This is more sing-song and attention-grabbing than normal conversational speech, and is called 'infant-directed speech' or 'Parentese'. All adults and children naturally adopt this special tone when talking to a baby, and babies prefer to listen to Parentese. For example, when given a choice between listening to tapes of an adult speaking versus the same adult speaking in Parentese, babies will choose to activate the tape that uses Parentese. These are the four critical abilities that seem to be foundational for acquiring language. When someone is gazing directly at you, speaking in Parentese, responding to your gurgling and taking turns with you, these are all signals that you are being intentionally addressed. And they are signals recognized by babies from birth.



## Attachment and security

The ability to recognize communicative intent is only one of the intrinsic abilities (or predispositions) towards social interaction that is present in newborn babies. Other innate behaviours such as *rooting* for the breast, *crying* and *grasping* all create proximity to the caretaker. These actions ensure the physical closeness required to build a relationship. Some research suggests that the pitch and amplitude (loudness) of a baby's cry has been developed by evolution to prompt immediate action by adults. Babies' cries appear to be designed to be maximally stressful to hear. Smiling also begins early, and infants use smiles to reward social interaction from carers. Experiments show that infants smile most during *face-to-face contingent* interactions with carers. These are interactions characterized by turn-taking, infant-directed speech and playful warmth ('interpersonal contingency'). At birth infants prefer the mother's voice and the mother's smell, as these are most familiar. However, the important factors in becoming a 'preferred attachment figure' are proximity and consistency. Babies quickly learn to prefer the faces, voices and smells of their most consistent and warm caretakers. These specific attachments that babies form are very important for healthy psychological development.

Nevertheless, research does *not* suggest that separation from the mother following birth (for example, for a medical procedure) prevents 'bonding' with the infant. The psychological relationship or 'bond' that mothers and other caretakers form with infants grows over time. Consistency of contact, responsiveness and warmth are the key attributes. The consistency of early attachment experiences are critical for the development of children's 'internal working models' (psychological expectations) of their value as a person who is deserving of love and support from others. If these interactions are characterized by consistency and warmth, the baby is described as showing 'security of attachment'. If an infant consistently experiences caretaking that fails to be contingent on their needs, or that is not characterized by warmth, then the attachment is said to be 'insecure'. Similarly, if an infant consistently experiences caretaking that is erratic and neglectful, so that sometimes caretaking is contingent on their needs and sometimes it ignores those needs, attachment is also insecure. Infants who are insecurely attached to their caregivers still prefer those caregivers over other people. The term 'insecure attachment' refers to the fact that the infant cannot *rely* on those caregivers responding appropriately to their cries and smiles—or responding at all.

When attachment is insecure, children develop different 'internal working models' of the self. Two main types of insecure attachment are identified in the literature. 'Insecure-avoidant' infants appear to become resigned to their fate. They develop self-protective strategies, such as not seeking contact when the carer is close, as though to protect themselves against disappointment. 'Insecure-dependent' infants become very clingy and fight against separation, as though trying to force appropriate caretaking behaviours from the adult. Research shows that both forms of insecure attachment are related to less positive developmental outcomes long-term. These include social–emotional outcomes, relating to self-esteem and self-control, and also cognitive outcomes, relating to intellectual and academic achievement.

In extreme cases, usually involving parental reactions that are frightening for the infant, attachment is 'disorganized'. Caretaking is so unpredictable that an infant cannot find a way of organizing her behaviour to get her needs met. The internal working model developed in response to such caretaking is often that the child is flawed in some way, and does not deserve love and support from others. Such children are at risk for mental health disorders, including depression, oppositional–defiant disorders or conduct disorders. Healthy attachment relationships do not have to be with the genetic parents. Relationships depend on *learning*. Learning that your social overtures will be met with contingent responsiveness and warmth are the key factors required for babies to develop secure attachments. Grandparents, foster parents and older siblings can all be sources of secure attachments.



## Expectations about behaviour

As well as being predisposed to be social, babies also have interesting expectations about how people should behave to each other. Research shows that older babies (around 12 months) expect people to *help others* and to behave *fairly*. For example, in one study infants were shown videos of animated geometric shapes on a computer screen. The shapes moved in certain ways. The screen had a line rising across it, which could be seen as a 'hill' to be 'climbed'. One shape (a circle) duly began to move up this hill. At first it climbed steadily, but then the incline steepened, and the circle rolled back to rest on a plateau. At this point in the video, one of two other shapes (visible at the top of the screen) began to move. For example, a triangle came down to a position behind the circle, and then they moved together to the top of the hill ('helping' scenario). Alternatively, a square came down to a position in front of the circle, and they moved together back to the bottom of the hill ('hindering' scenario). Babies were then allowed to choose between 3D soft toys in the shape of the triangle and the square. The babies all preferred to play with the triangle.

This is only one example of a remarkable series of experiments using moving shapes without eyes that are nonetheless interpreted by watching infants as behaving socially. Indeed, adding eyes to the animations, or using real actors, only enhances the experimental effects. Certain types of motion-based interactions between objects seem to specify social behaviour to the infant brain. Socio-moral expectations in babies can also be revealed by experiments using real objects on a small 'stage'. Infants watch the scenes on stage while sitting on a parent's lap, and hidden experimenters manipulate the 'behaviour' and 'experiences' of the objects. For example, one experiment on socio-moral expectations involved two identical toy giraffes. Each giraffe had a place mat in front of them. As the infant watched, the experimenter showed the giraffes two toys (saying excitedly 'I have toys!'). The giraffes became excited in turn—via hidden means, they began dancing, and shouting 'yay, yay'. The experimenter then either put both toys on the mat in front of one giraffe, or gave the giraffes one toy each. The giraffes looked down at their place mats without reacting. The experimenters recorded how long the babies watched each scene. The babies looked significantly longer at the event which was unfair.

These experiments, which have various control conditions to rule out other explanations of infant's choices or looking times, suggest that some *socio-moral norms* may be innate and culturally universal. Early emerging norms appear to include a concern for fairness, a preference for helping over hindering, and a distaste for actions that harm others. Theoretically, it is thought that socio-moral expectations are inborn because they have evolved to support the continued existence of the species. They are necessary for social group living (society) to work. Socio-moral expectations facilitate positive interactions between people and foster co-operation within social groups.

Clearly, these norms will be elaborated in different ways by different cultures. Further, once language is acquired (see Chapter 3), we can explain to children how they should behave in certain settings, and why certain moral norms are important. However, even the preverbal infant is learning a lot about socio-moral norms by watching the interactions of those around them. This learning appears to be guided by their innate expectations of how people should behave.

The experiences that promote the learning of socio-moral norms clearly overlap with the experiences supporting secure attachment. The main learning environment for both types of experience in early life is *family interactions*. Families in which people have warm and supportive relationships with each other are also likely to be families where there is fairness, helping of each other, and little punitive behaviour. Families in which people have hostile and abusive relationships with each other will present babies with learning experiences that seldom model fairness and helping each other, and may actively model aggressive behaviour. In family settings involving physical abuse, infants may learn to inhibit their innate socio-moral expectations and replace them with other expectations about how people behave to each other.

There is little research on the effects of these more negative learning environments, partly as it is more difficult to involve such families in research. Importantly, these influences on learning will be present *pre-verbally*, and so their effects will be subliminal. The developing infant has no means at their disposal of explaining to themselves the features of their environment. Rather, the environment of the family is their *norm*. The early learning environment offered by the family has profound effects on psychological and social development, on intellectual development and on the internal working model of the self.

## Imitation

When infants watch the actions of other people, they also learn about psychological causation. The ability to imitate the actions of others provides a 'like me' analogy. Brain systems like the mirror neuron system do not simply link seeing and producing certain acts. They also link 'that looks the way this feels'. Babies seem to assume that people have *goals*. If babies can understand someone's goal, they can also imitate an unsuccessful action. An example is the 'putting the beads into the jar' experiment discussed earlier. Babies can also imitate selectively depending on the context in which an action occurs. In a famous study, babies watched adults making a completely novel action which they had never seen before. This was to use the forehead to turn on an experimental light panel. The adults made the panel light up by bending forwards and touching it with their heads. Subsequently, the babies were given the light panel to play with. The babies also leaned forward and lit it by using their foreheads. However, babies who watched the same event presented in the context of an adult who was feeling cold, and who had her hands under a shawl, did not use their foreheads to activate the light panel. They just pressed it with their hands. This experiment and others suggest that preverbal infants can infer psychological goals.

Experiments like these show that infants can recognize other people's intentions, and will imitate accordingly. Further, infants will not imitate accidental actions. Babies also discriminate between an actor who intends to give them a desired toy, but fails (because she cannot get it out of its box), and an actor who can get the toy out of the box, but chooses not to give the toy to the baby. This suggests an insight into the *hidden mental states* governing the adult's actions (importantly, the baby does not get the toy in either case). The babies reached out for the toy more and banged the table in frustration more when the actor chose not to pass over the toy than when the actor was unable to give them the toy. This shows an emergent understanding of psychological causation. Furthermore, the recognition of what people intend is important for effective learning. If babies only imitate the intentional acts of others, then they will acquire many significant cultural skills.

## Joint attention

The imitation experiments suggest that infants are not 'mind blind'. Infants are not unaware of the hidden mental causes of people's actions. Although some researchers still dispute this, it appears that babies make mentalistic assumptions that the actions of other people have psychological causes. Babies also interpret *seeing* as an intentional act. From a young age, babies will follow gaze. They seem to be aware that we look at things because we are getting information about them. Babies able to crawl, who see an adult gazing excitedly at something hidden by a screen, will move to a position where they can see what is being looked at. By around 8–10 months of age, preverbal babies will also try and direct the attention of someone else to something interesting. They do this by pointing at it. Developmentally, there are two kinds of pointing—pointing at something because you wish to be given it, and pointing at something simply to share attention with someone else. The second kind of pointing, which becomes very frequent from around 10 months onwards, is intended by the baby to influence the mental state of another person. This kind of pointing has *communicative intent*. Interestingly, the absence of this kind of pointing by babies is an early indicator of risk for autism.

*Joint attention* to an object is a key developmental advance. It is a clear indicator that infants are aware of the mental states of other people. Joint attention is about communicating and sharing experiences. Theoretically, when the child points in order to engage someone's attention, the child is sharing his or her psychological state with that person ('I am interested in this'). The child is also showing an awareness of *normative behaviour* ('This is the kind of thing *we* like to share psychologically, because we are in the same group').

Joint attention has also been suggested to be the basis of 'natural pedagogy'—a social learning system for imparting cultural knowledge. Once attention is shared by adult and infant on an object, an interaction around that object can begin. That interaction usually passes knowledge from carer to child. This is an example of responsive contingency in action—the infant shows an interest in something, the carer responds, and there is an interaction which enables learning. Taking the *child's focus of attention* as the starting point for the interaction is very important for effective learning. Of course, skilled carers can also engineer situations in which babies or children will become interested in certain objects. This is the basis of effective play-centred learning. Novel toys or objects are always interesting. Objects in which adults show consistent interest are also interesting to infants—for example, car keys and mobile telephones!



Babies will also monitor adults or other children for signs to tell them how they should react to something novel. Again, this suggests an insight into the mental states of others. Such monitoring, called 'social referencing', has been shown in various experimental settings. For example, one set of experiments used a mildly scary mechanical robot called 'Magic Mike'. The experiment used a joint attention setting, in which mothers were trained to look either frightened or happy when Magic Mike appeared. The mothers also used an appropriately emotional tone of voice to say either 'How frightful' or 'How delightful' (the phrases were deliberately chosen to sound similar but be unfamiliar). In the fearful setting, infants did not approach Magic Mike and also became upset themselves. In the happy setting, infants behaved no differently compared to a 'neutral face' setting, in which mothers were neutral. In both the happy and neutral cases, the infants approached Magic Mike and played with him.

**2. A baby on the visual cliff**

The most famous social referencing studies in child psychology began in the 1960s and involved a 'visual cliff', shown in Figure 2. Babies who could crawl were placed on a Perspex table top. The Perspex surface covered a design of black and white squares, which were on a surface much lower than the Perspex in the horizontal plane. The squares varied in size to manipulate visual cues to depth, giving the visual impression of a sudden drop. The experiments showed that babies would crawl to the edge of the 'cliff' and then look at their mothers for guidance. If the mother looked fearful, most of the babies went no further.

## The social brain

These varied experiments on imitation, joint attention, and socio-moral expectations show that infants and toddlers are developing psychological understanding from very early indeed. There is emerging awareness of the mental states of others much earlier than was traditionally believed. Freud, for example, thought that infants were not aware of the *self–other* distinction. He argued that physical birth was not the same as psychological birth. Some types of experiment seemed to reinforce these classical ideas of early 'mindblindness'. Behaviour with mirrors, for example, does not always suggest that young children are aware that it is them in the mirror. On one hand, experiments show that children as young as 3–5 months will test out mirrors by moving different parts of their bodies and seeing what happens in the mirror. On the other hand, it is not until the age of 18 months that children will pass the 'mark test'. In the mark test, a red mark is surreptitiously put on the child's face. The test is whether children will touch the mark when they see themselves in the mirror. Many children do not. This behaviour may suggest that consciousness of the self develops gradually. However, it may also be linked to the experimental situation, and as yet remains poorly understood.



A critical factor in early developing psychological awareness is the fact that the infant's caretakers treat him or her as a *social partner*. Indeed, carers probably treat infants as acting socially even before infants are deliberately acting in this way. The human brain is a social brain, because humans are a social species. Babies are innately predisposed to be with other humans and maintain social closeness.

As already noted, high quality care does not have to be from the biological parent to be effective. This is further supported by research on daycare settings. Recent studies have employed an objective measure of stress, the hormone *cortisol*, to assess how much stress preverbal children experience in different types of care settings. Cortisol is measured in the saliva, and higher levels of cortisol are associated with higher levels of stress. Children in high-quality learning environments show lower cortisol levels in these studies, whether they are cared for at home or in a nursery. In high-quality daycare settings, carers provide focused attention and warm stimulation that is essentially sensitive parenting (i.e., warm and responsively contingent). In such settings, cortisol levels are low. In low-quality learning environments, where carers are intrusive and over-controlling and lack warmth, cortisol levels are high. Again, this is true whether the carer is the biological parent, a nanny or a nursery care assistant.

Accordingly, good teachers, nannies, and daycare providers act as figures of secure attachment. They provide early learning environments that are very similar to high-quality home environments. The best of all worlds is to experience a high-quality learning environment both at home and at nursery. Recent studies suggest that children in high-quality daycare who also have secure attachments to their families show the optimal cortisol profile when in their daycare settings.

# Chapter 2
# Learning about the outside world

## Nature versus nurture

Before they can talk and ask questions, babies and toddlers learn a remarkable amount about the world from looking and listening. Some child psychologists believe that this enormously rapid learning is possible because certain concepts, or ways of interpreting information, are *innate*. Even if this view is wrong, and there is no innate knowledge about the world present in the brain at birth, babies certainly learn about the world very fast indeed. Further, the kinds of information that they learn appears to be 'constrained'. Some types of information are learned more easily. For example, causal relations appear to be learned particularly easily by babies. This may suggest that certain aspects of the external world are *prioritized* for learning. Internal 'constraints on learning' would govern these priorities, helping to determine the objects and events that babies give their attention to. Another possibility is that these *constraints on learning* are imposed by the way that neural sensory systems acquire and process information. For example, movement is very salient to the visual system. So perhaps an early focus on how objects move is driven in part by the number of motion-sensitive neurons (brain cells) present, and the kinds of input the visual system requires for further development.

Another, complementary possibility is that adults modify their actions in important ways when they interact with infants. These modifications appear to facilitate learning. 'Infant-directed action' is characterized by greater enthusiasm, closer proximity to the infant, greater repetitiveness, and longer gaze to the face than interactions with another adult. Infant-directed action also uses simplified actions with more turn-taking. For example, in representative studies a mother might be filmed demonstrating an object to her baby and then demonstrating the same object to her partner. When other babies are subsequently given a choice of which film to watch, they systematically prefer to watch the films of infant-directed actions. These spontaneous action patterns, also called 'motionese', hence serve to increase the baby's attention to what is taking place. The action patterns also signal that 'this behaviour is relevant to you'. Such studies show that infants are not passive learners. Instead of simply processing everything in the visual field, infants *select* which actions to watch.

## Active not passive learners

Research shows that all the looking and listening that babies do is organized mentally into certain types of knowledge from early in life. Listening to and looking at people teaches babies about how people behave ('naive psychology'). Listening to and looking at objects and events teaches babies about how the external physical world operates. Babies learn what objects are like (e.g., rigid or flexible), and how objects move, and they learn the distinction between 'natural kinds' (animals and plants) and 'artefacts' (things made by man). Learning about objects is 'naive physics', while learning about the natural world is 'naive biology'. Young babies are already developing at least three types of knowledge that map onto distinctions that are still made at university level—psychology, physics, and biology.

Indeed, one popular theoretical approach in child psychology is to draw an analogy between infants and scientists. The premise is that babies and scientists have a similar approach to learning. Both babies and scientists make observations, carry out experiments, and draw conclusions. A baby who keeps dropping the same toy for her mother to retrieve is learning the relationship between cause and effect ('I drop, you fetch'). She is also learning about the different trajectories that the toy can fall along, and indirectly, she is learning about gravity ('objects always fall if they are released, and they fall straight down'). The 'baby as scientist' approach argues that infants have naive *theories* about how the world works. These theories are claimed to be based on innate expectations.

The kind of innate expectations (or 'principles' or 'constraints' guiding learning) are expectations like 'one thing cannot be in two places at the same time'. These innate expectations are then elaborated via learning—looking, listening, smelling, feeling, and tasting. For example, while one thing can never be in two places at once, two things can be in one place at once. This is possible if one object is inside another (the physical concept of *containment*).



An important milestone in learning about objects comes when babies are able to grasp efficiently. Once babies can manipulate things by themselves, learning really takes off. Indeed, a clever set of experiments using 'sticky mittens' with very young babies (3-month-olds) showed that being able to handle objects significantly accelerated learning. Usually, the ability to grasp objects unaided begins at around 4 months. As the 'sticky mittens' had Velcro on them, soft toys stuck to the 3-month-old babies' hands. Hence these younger babies could experience making a range of different actions on the toys. The 'sticky mitten' babies subsequently showed earlier understanding of the actions of an adult who was reaching for objects. This was measured in comparison to other babies of 3 months, who simply watched the same toys being manipulated by someone else. So initiating actions *oneself* is important for effective learning.

Another important milestone is being able to sit up unsupported. This usually occurs between 4 and 6 months of age. Being able to sit upright enables babies to expand their range of actions on the world. For example, babies can now turn objects around and turn them upside down. They can feel textures, see the objects from different angles, and pass them from hand to hand (note that 'baby gym' toys offer prone babies similar learning opportunities). Becoming a 'self-sitter' has been shown to be related to babies' understanding of objects as being three dimensional.

Perhaps an even more important developmental milestone is being able to move by yourself. Crawling and then walking enables the baby to get to the places she wants to go. While crawling makes it difficult to carry objects with you on your travels, learning to walk enables babies to carry things. Indeed, walking babies spend most of their time selecting objects and taking them to show their carer, spending on average 30–40 minutes per waking hour interacting with objects. Even though an expert crawler can move more quickly and efficiently than a novice walker, babies persevere in learning to walk. Walking usually develops between 11 and 12 months in Western cultures, and babies practise hard. One study showed that newly walking infants take over 2,000 steps per hour, covering the length of approximately seven football pitches. The average distance travelled of 700 metres each hour means that during an average waking day, and allowing for meals, bathtime, etc., most infants are travelling over 5 kilometres!



Self-generated movement is seen as critical for child development. Being able to crawl and then to walk enables babies to go to the places that *they* choose. The babies can then initiate object-focused social interactions. As we all know, the places that babies choose include a number of places that adults do not want them to visit, like stairs, fireplaces, and plug sockets. Indeed, research shows that novice walkers can have very bad judgement even with respect to choosing which path to follow. For example, babies will hesitate at the top of a steep slope for ages, but then plunge down headfirst nonetheless. Or babies will dangle their foot into a gap that they cannot cross, then try anyway, and fall. Nevertheless, most falling is *adaptive*, as it helps infants to gain expertise. Indeed, studies show that newly walking infants fall on average 17 times per hour.

From the perspective of child psychology, the importance of 'motor milestones' like crawling and walking is that they enable greater *agency* (self-initiated and self-chosen behaviour) on the part of the baby. Like the scientist, the baby can now intervene in events, and see what happens next. Annoying examples of the 'baby as scientist' include unplugging the Hoover during hoovering, and manipulating the buttons on the TV or DVD unobserved, thereby changing the settings.



## Memory and attention

Although young babies may appear to be rather unaware of the world around them, in fact both memory and attention are functioning from very early indeed. Very young babies (younger than 6 weeks) can have trouble deliberately following objects with their eyes, but even newborns can attend to objects and can see the whole visual scene (not just blobs of colour and light). Very young babies like looking at displays that have lots of visual contrast. For example, they like looking at displays with clear black and white divisions, like chessboard patterns. Some cot mobiles use black-and-white patterning for this reason. One possibility is that visual scenes with maximal contrast between light and dark areas help the brain's visual system to develop expertise in seeing. Edge detection and motion detection are key components of how vision works. In fact, sometimes younger babies can find it difficult to *stop* paying attention to certain objects—so-called 'sticky fixation'. Babies might even start crying when they cannot move their gaze. This usually solves the problem, as usually the infant will then get picked up or moved, and gaze is broken.

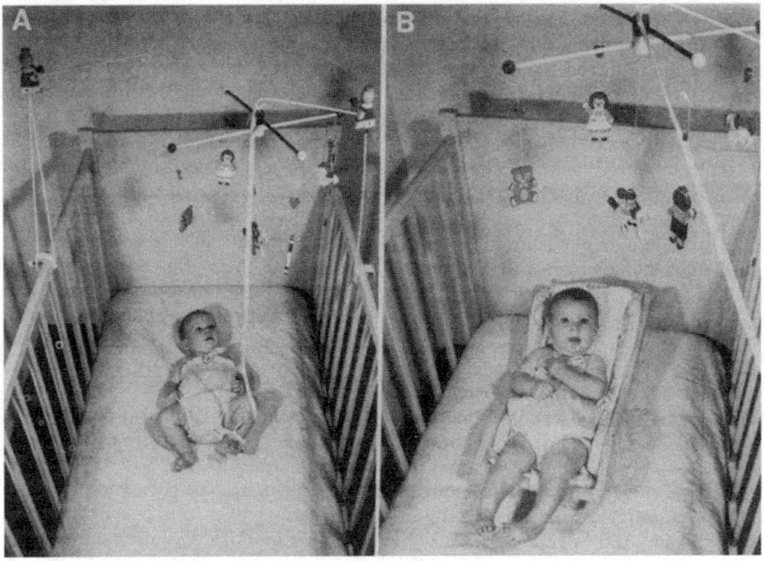


**3. Testing infant memory using cot mobiles**

A nice example of early memory and attention comes from some famous experiments using cot mobiles. Babies who are lying on their backs in a cot spend a lot of time kicking. To create an experiment, researchers tied a ribbon to the babies' ankles, shown in Figure 3. At first, the ribbon was just tied to a stand, and so kicking didn't cause anything to happen. Once a 'baseline' kick rate was established, the experimenters tied the ribbon to an interesting cot mobile instead. The mobile moved and made musical sounds. Babies rapidly learned to kick at an increased rate to activate the mobile. A few days later, the babies were put back in the cot with the same novel mobile. Kicking was again measured, although this time the mobile did not activate. Babies of 3 months still kicked much more compared to their baseline kick rate. This suggested that they retained a *memory* of the cause–effect relationship.

In fact, extra kicking, the index of remembering, could be demonstrated over gaps as long as two weeks. When given a 'reminder' of the contingency (for example, the mobile was activated briefly before the ribbon was tied to the ankle), these very young babies showed memories over gaps as long as a month. In experimental situations like the mobile situation, the 'learning event' (i.e., activating the mobile by kicking) is a one-off event. It is only experienced one time, yet the babies learn and remember it. In everyday life, of course, babies will experience contingencies or cause–effect relations on a daily basis. So infant memory is likely to be even better than these experiments suggest.

One persuasive test of the persistence of early memories was carried out by a research team in the USA. They decided to bring back as 2-and-a-half-year-olds children who had participated in an experiment on sound localization as 6-month-old babies. In this *sound localization* experiment, the 6-month-old babies had been required to reach in the dark for a Big Bird puppet that made a rattling sound. Two years later, the children came back to the same experimental room, met the same female experimenter, and were shown some toys, including the Big Bird toy. They then had to reach in the dark. The children showed clear 'implicit' memory of their experiences at 6 months. They were significantly faster and more accurate at reaching for Big Bird compared to other 2-and-a-half-year-olds, who had not experienced the set-up when aged 6 months. In fact, when given a 'reminder' of their early experience (hearing the rattle sound for three seconds, half an hour before being asked to reach in the dark), these children were even faster to reach in the dark.

This is good evidence for long-term memories forming as early as 6 months. Like adults, children also do better in memory tasks when given hints or reminders. Another indicator of implicit memory was that most of the 2-and-half-year-olds did not find the 'dark reaching' experiment distressing. In contrast, over half of the control children (those who had not reached in the dark as 6-month-olds) didn't enjoy sitting in the dark, and asked to stop before the experiment was completed.

## Cross-modal sensory knowledge and early numerosity

Young babies are also aware of objects in many modalities. For example, as adults we can usually tell what an object will feel like from looking at it. We are surprised when, for example, an object that appears to be a rock turns out to be a sponge. Babies as young as 1 month also seem to make connections *across* sensory modalities. This was shown in an experiment involving a dummy which had a nubbled surface. Babies were given one of two dummies to suck, either the nubbled dummy or a smooth dummy. The experimenters made sure that the babies didn't see the dummy as it went into their mouths. This meant that the babies had only *tactile experience* of the dummy. Babies were then given pictures of both dummies to look at. The babies consistently preferred to look at the dummy that they had just been sucking. Babies who had sucked the nubbled dummy gazed at this picture, and babies who had sucked the smooth dummy gazed at this picture.

In fact, multisensory understanding in infancy has been demonstrated in a variety of ways. In an experiment using videos, babies were given a choice of watching either two 'talking heads' or three 'talking heads'. The videos showed either two or three female experimenters looking at the baby and mouthing the word 'look'. The sound of either two or three different voices all saying 'look' at the same time was then played from a central speaker. When they could hear two voices, the babies looked at the video of two women. When they could hear three voices, they looked at the video of three women. As well as showing multisensory insight, this experiment also suggests early sensitivity to number—that three is more than two.

Number is another cognitive system that has been thought to be partly innate. For example, babies as young as 5 months seem to be able to add and subtract small numbers. In these number experiments, babies watched events unfold on a small stage while sitting on a parent's lap. As they watched the empty stage, a hand from the side put a Mickey Mouse doll centre-stage. A screen at the front of the stage then rotated up and covered Mickey from view. As the infant watched, the hand appeared again at the side of the stage and added a second Mickey Mouse doll to the hidden area behind the screen. When the screen was lowered, the watching infant saw either two dolls or a single Mickey Mouse doll. Two dolls was the expected outcome, but one doll was wrong—because 1 + 1 = 2. Infants looked for much longer at the single doll than at two dolls. Babies also showed similar reactions to a *subtraction* version of the event. In the subtraction version, two dolls were hidden by the screen and one doll was then removed in view of the infant. If the screen was lowered and two dolls were still present, infants looked for much longer than if the screen was lowered to reveal a single doll. This early evidence for a 'number sense' has been argued to show that there is an innate brain system for representing small numbers. Babies perform well in these kinds of experiments with the numbers 1, 2, and 3. After that, they seem to approximate larger numbers as 'many', and operate with an approximate system based on ratio. This is discussed in Chapter 5.



## Physical relations between objects

Infants also seem to possess remarkably accurate expectations about physical relations between objects. These are relations like *occlusion*, *containment*, and *support*. Again, the experiments establishing these expectations usually depend on the 'violation of expectation' paradigm. Babies watch events on a small stage while sitting on the parental lap. The mothers and fathers usually wear blindfolds and headphones, so that they cannot inadvertently affect their infant's reaction. These kinds of experiments have shown that babies do not assume that objects disappear if they are hidden from view by other objects that might pass in front of them (occlusion), or by other objects that contain them.

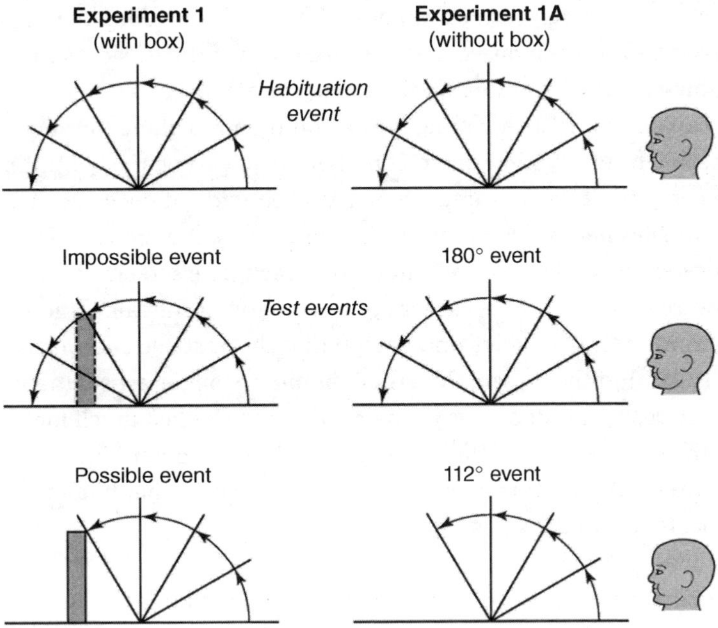


**4. Violation of the expectation that a screen cannot rotate through a solid object**

In one famous series of violation of expectation experiments, babies watched a stage with a rotating screen, shown in Figure 4. The screen would rotate up from a flat position, eventually hiding whatever object was on the stage, and continuing to rotate until it made contact with the object. If a wooden box was on the stage, and the screen rotated through 180° (impossible event), the babies looked for much longer than if the screen stopped on contact with the box, at 120°. On the other hand, if a sponge of similar dimensions was on the stage, the babies expected a degree of compression. They did not keep staring at the stage if the screen rotated past 120°. In both scenarios, the babies clearly expected that the hidden object continued to exist. Out of sight is not 'out of mind' for babies.

Another set of experiments involved toy cars running on tracks on a stage-like setting. The initial stage set-up showed a toy car at the top of a ramp. A track ran down the ramp and along the stage. A screen was then raised and obscured part of the track. As the babies watched, a toy car at the top of the ramp was set in motion. It ran on the track down the ramp, and then ran along the stage, passing briefly behind the screen, then reappearing and continuing to run until it disappeared from view at the side of the stage. After the babies had watched this event a few times, the screen was raised and an obstacle was put on the track. The screen was then lowered again, and the car was put at the top of the ramp and set in motion. If the babies understood that the obstacle continued to exist behind the screen, then they should no longer expect the car to reappear. Babies as young as 3 months looked much longer at the car event when the car reappeared than when it did not reappear. Again, this suggests that babies assume that hidden objects continue to exist.



Since the invention of brain imaging methods, similar experiments have been done while recording brain responses (EEG—electroencephalography). EEG measures the low-voltage electrical signals that pass between brain cells in response to environmental events. In one EEG experiment, babies watched a toy train chuffing into a tunnel and not reappearing from the other end. The tunnel was then lifted up to reveal the train. The appearance of the train was *expected*—the train had obviously remained in the tunnel. Sometimes, the tunnel was lifted and revealed to be empty, even though the train had not been seen leaving the tunnel. This was an *unexpected* disappearance. On still other occasions, the train chuffed into one side of the tunnel, and chuffed out the other side, and the tunnel was lifted to reveal no train. This was an *expected* disappearance event. The researchers compared babies' brain activity to the two types of disappearance events. Brain activity was quite different in the *expected* disappearance event compared to the *unexpected* disappearance event. Therefore, even though no train was visible in either event, and in both events the baby was gazing at the same empty location, electrical signalling in the brain showed different patterns. The babies also looked significantly longer at the unexpected disappearance event. This experiment suggested that increased looking time is indeed an index of what the babies are *thinking*.

## Search behaviour

One reason that psychology experiments have tried to establish whether out of sight is 'out of mind' for babies is that according to one influential theory in child psychology, infants have to *construct* the notion of object permanence, via learning. Jean Piaget (see Chapter 7) suggested that infants did not have a full understanding of the permanent existence of objects until around 18 months of age. One important experiment involved measuring where infants look for objects. Piaget demonstrated that even 10-month-old babies would look in the wrong place for hidden objects. In Piaget's famous 'A-not-B' paradigm, babies watched as an experimenter repeatedly hid a desirable object (like a bunch of keys) under one cloth, 'location A' (shown in Figure 5). After each hiding event, the



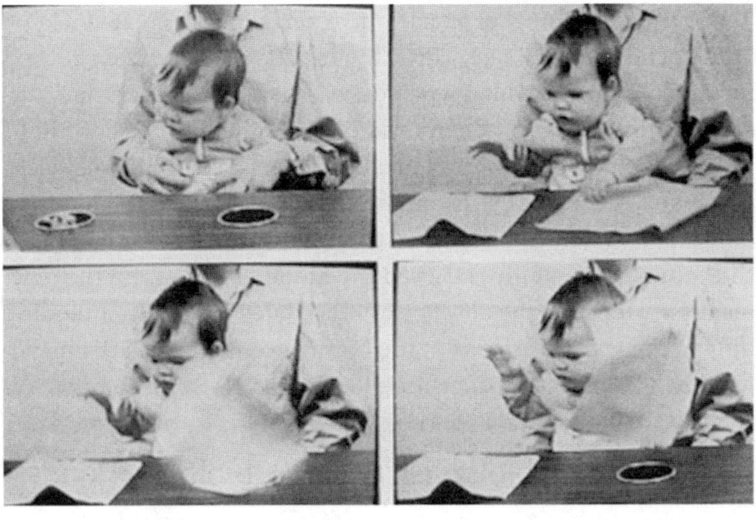

**5. A baby searching at location A while fixating location B in the A-not-B paradigm**

baby was allowed to retrieve the keys by lifting the cloth. The baby then watched as the experimenter hid the keys under a new cloth, 'location B'. Surprisingly, most babies again lifted cloth A, failing to find the keys. The same error was made when transparent boxes were used for the hiding locations. Even though the keys were visible in box B, the babies would open box A.

A number of different theories have been proposed to explain this search behaviour. One is Piaget's original theory about *immature object knowledge*. Other theories include *brain immaturity*, in which immature connections between different brain systems prevent knowledge about the hiding location (location B) controlling action (reaching to A), and *perseveration of action* (in which the baby fails to inhibit the habitual response of reaching to A). However, perhaps the most interesting recent theory of the A-not-B error points out that babies are *active social partners* in all of our experiments. In the classic A-not-B paradigm, the experimenter is making eye contact with the infant while chatting ('Hello baby, look here'), cues that usually signal 'in this situation, we do this' (i.e., reach to location A). To test this 'teaching' explanation, experimenters created a 'non-social' A-not-B test. Here, the infants watched the two locations A and B while no person was visible (the experimenter sat behind a curtain). A hand slid out from behind the curtain to repeatedly hide the object at location A. After a number of successful retrievals by the infant, the hand slid out and hid the object at location B. This time, on the first B trial, over half of the babies successfully retrieved the hidden object from the new location. Hence in the absence of social cues and when attending only to the *spatial lay-out* of the hiding event, babies are much less likely to search in the wrong location.

## Distinguishing biological and non-biological kinds

Babies experience many objects in the environment that move and make a noise, but only some of these have *agency*—self-directed movement. Pets, for example, move around, make noises, and do interesting things. Cars, by contrast, may move around and make noises, but they cannot decide to start moving by themselves. In fact, there are all sorts of physical cues connected to motion that indicate whether something is an *agent* or not. These cues are detected by babies quite early in development.

One series of relevant experiments has used 'point light' displays. Point light displays were first created using people. Experimenters attached small points of light to the major joints and to the head, and then filmed people moving in the dark while dressed in black (shown in Figure 6). The motion of these points of light enabled adults viewing the films to recognize people walking, dancing, doing push-ups or riding a bicycle. Even gender could be determined just from motion. Point light display experiments with infants show that babies can also distinguish walking from random movement, and someone walking upside down. They can also distinguish biological versus non-biological kinds, like cars versus dogs. In the dog/car experiment, some 3-month-old babies saw photographs of cars and dogs, which provided rich perceptual featural information. The babies could easily distinguish the two kinds of photo. Other babies saw just the *motion* associated with different cars or with different dogs. These babies were equally successful at distinguishing the cars from the dogs, even though no other visual features were present. Hence *type of motion* is an important cue for distinguishing agents from man-made artefacts like cars.



Another method for showing that babies can distinguish 'natural kinds' from artefacts relies on 'sequential touching'. Older babies who can sit up and manipulate objects do not touch things indiscriminately. Rather, they touch things systematically. In one demonstration, 12-month-old babies were given a large set of toys, half of which were toy cars and half of which were toy animals. The babies sequentially touched objects from the same category significantly more often that would be expected on the basis of

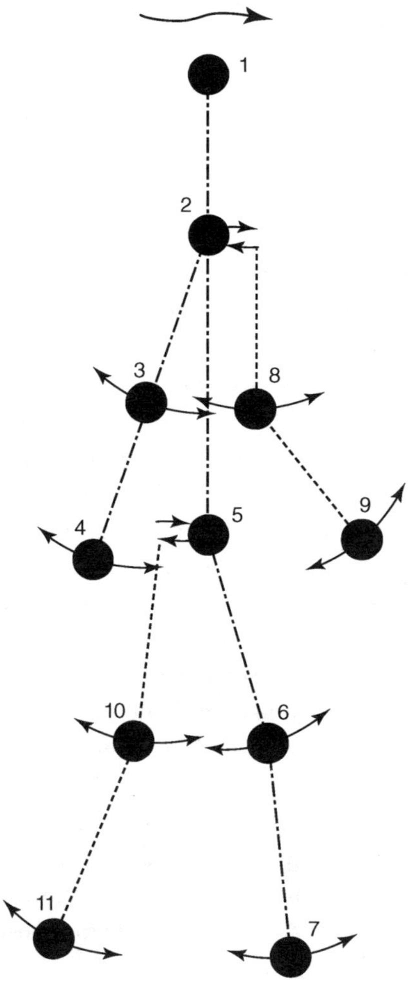


**6. A point-light walker display of a human figure**

chance. The same 'sequential touching' effect was found even when the toys looked very similar. In one study, wooden toy animals were made that were identical in shape to pieces of toy furniture. The pieces of toy furniture had features like eyes painted on them. Nevertheless, the babies did not behave indiscriminately. For example, if the babies were given a series of animals to manipulate, and were then given a piece of furniture, they spent much longer examining the novel piece of furniture than they spent examining a new animal that had an identical shape. Experiments like these suggest that infants are *categorizing* objects on the basis of their prior knowledge.

## Emergent 'essentialist' theories

Theoretically, such research has promoted the idea that even babies have emergent 'theories' about how the world works. Older children (2- and 3-year-olds), like babies, also use deeper, more essential characteristics than perceptual appearance to categorize objects. For example, in one famous experiment 2-year-olds were shown a series of pictures of fairly typical birds who live in nests (robin, sparrow, blackbird). They were then shown a picture of an unfamiliar bird that did not look bird-like, for example a *dodo*. The children were asked 'Does it live in a nest?' Children judged that the dodo would also live in a nest. When shown a picture of a pterodactyl (which looks like a bird, but is a dinosaur), the children judged that it would *not* live in a nest. Hence their categorization behaviour did not rely on perceptual features. Related research suggested that even young children have already learned a number of *principles* relating to category membership, and have organized the natural world according to these principles. Such theories can broadly be called 'psychological essentialism'. These underlying principles or essential characteristics then guide further development.

According to essentialist theories, young children routinely go *beyond* observable features when developing biological concepts. Young children pay attention to causal principles, and they search for causal explanations to make sense of how the world works. The paradigm of 'child as theorist' has also uncovered the principles that children use to categorize artefacts. Again, motion is important, but so is function. Man-made artefacts like furniture are specifically designed to fulfil particular functions. Therefore, children will categorize things with a wide variety of appearances as 'bags' or 'chairs'. As long as an artefact can function as a bag or a chair, it *is* a bag or a chair. Young children also do not expect artefacts to grow, to move by themselves or to have babies. However, they expect biological kinds, like dogs, rabbits and flies, to do all of these things. Even 4-year-olds will say that leaves can change colour on their own, but that guitars cannot play by themselves. Theoretically, it is argued that children develop an understanding of natural cause from a mixture of observation, learning, and an innate tendency to search for hidden features that make things similar—the *essentialist bias*.

## The importance of multisensory knowledge

One source of the rich learning evident by age 4 is the brain's ability to detect patterns in all kinds of information. Usually, the behaviour of objects, or the appearance of natural kinds, follows a pattern. The kind of motion typical of a vehicle, for example, will take the pattern of a straight line at a constant speed. A dog or a fly, on the other hand, will move randomly all over the place, changing trajectory and speed at will. Usually, the visual information will be supplemented by related sounds (an engine sound, which is relatively constant, versus a buzzing or running sound, which is not constant), perhaps by related smells, and sometimes by tactile information. Even 2-month-old babies can detect visual or auditory patterns. In one experiment on *statistical learning*, infants watched a stream of coloured geometric shapes presented on a computer screen. The shapes did not occur randomly, but in patterns of pairs (e.g., a blue cross was always followed by a yellow circle). The infants did not just learn which shapes were familiar. They also learned the patterning of the pairs.

Such demonstrations that babies and children can detect statistical relationships between features or events reveal a powerful mechanism for learning. Statistical learning enables the brain to learn the statistical *structure* of any event or object. Hence the brain will learn the underlying and perhaps hidden relations that are also described as 'natural cause'. Statistical structure is learned in all sensory modalities simultaneously. For example, as the child learns about birds, the child will learn that light body weight, having feathers, having wings, having a beak, singing, and flying, all go together. Each bird that the child sees may be different, but each bird will share the features of flying, having feathers, having wings, and so on. Hence each unique experience will activate the brain cells that detect flying motion, that detect feather-like texture, that detect singing, and so on. The connections that form between the different brain cells that are activated by hearing, seeing, and feeling birds will be repeatedly strengthened for these shared features, thereby creating a *multi-modal neural network* for that particular concept. The development of this network will be dependent on everyday experiences, and the networks will be richer if the experiences are more varied. This principle of learning supports the use of multi-modal instruction and active experience in nursery and primary school.

Indeed, brain imaging studies with adults using *functional magnetic resonance imaging* (fMRI—this technique measures blood flow in the brain and hence identifies which brain areas are most active) have shown that all of the sensory systems related to experiencing concepts are activated even by just reading the name of the concept. For example, reading the word 'kick' will activate brain cells in the motor system that are used when we kick our legs, even though we are not moving our legs when we read. So knowledge about concepts is *distributed* across the entire brain. It is not stored separately in a kind of conceptual 'dictionary' or distinct knowledge system. Multi-modal experiences strengthen learning across the whole brain. Accordingly, *multisensory learning* is the most effective kind of learning for young children. If learning environments provide a wide range of multisensory experiences, teachers can capitalize on these natural mechanisms of learning and development.

# Chapter 3
# Learning language

Language is a critical factor for child development. While babies and toddlers learn a lot about the world from objects, they rarely manipulate objects in total silence. Usually the baby will vocalize and hand objects to adults or to older children. In play situations, adults naturally name objects for infants and usually provide some extra relevant information as well. Babies learn words most quickly when an adult both points to and names a new item. Indeed, babies' brains seem to be primed to learn new words with great rapidity. By the age of 15 months, just hearing a new word *once* is enough for accurate learning. Some studies suggest that 2-year-olds are learning around ten new words every day. This is made possible by the brain's remarkable facility for language.

## Infant-directed speech

One reason that babies learn language so readily is that we speak to them in a special way. We use infant-directed speech (IDS) or *Parentese*. As noted in Chapter 1, IDS appears to be biologically pre-programmed into our species, and is used by adults and children alike. IDS has a sort of 'sing-song' intonation that heightens pitch, exaggerates the length of words, and uses extra stress, exaggerating the *rhythmic* or *prosodic* aspects of speech. Indeed, sensitivity to speech rhythm has been argued to be a key precursor to language acquisition. Languages actually differ in their characteristic rhythms. Arabic, for example, sounds different rhythmically to French, which is different again to Russian. Experiments based on sucking show that babies as young as 4 days old can discriminate between French and Russian. They seem to do so on the basis of speech rhythm.

The rhythmic or prosodic exaggeration in IDS has a number of important characteristics that support learning. Firstly, the heightened prosody increases the salience of acoustic cues to where words *begin* and *end*. Although we perceive speech as a sequence of words, it is in fact an unbroken stream of sound. We know which bits of the stream are separate words, because we have learned what the words are. We cannot reliably pick out the words in an unknown foreign language. For example, about 90 per cent of English bisyllabic words for things have a 'strong-weak' (or 'loud-less loud') rhythmic pattern, like BA-by, BOTT-le, and COOK-ie. In IDS, the first syllable in a strong-weak pattern receives extra stress, emphasizing for the baby that the word begins *here*. Babies learn that this strong-weak *stress template* characterizes English bisyllabic words. So they begin expecting that word onsets are cued by stressed syllables. Then, if novel words do not fit this pattern, babies mis-segment them. For example, experiments show that 7-month-olds who hear the sentence 'Her guiTAR is too fancy' assume that 'taris' is a novel word. Ten-month-olds no longer make these mis-segmentation errors.



Another effect of talking in IDS is that it captures attention. Babies like IDS and so they listen to it. Experiments have shown that even newborns prefer IDS over adult-directed speech. Although we also speak more loudly and with exaggerated pitch to people that we assume to be foreign, we do not exaggerate prosody in the same way. Similarly, although we appear to speak to pets in IDS, close analysis of the acoustic characteristics of so-called 'pet-ese' show that it is quite different to IDS. Pet-directed speech does not include the exaggerated prosodic contours found in IDS, and it does not include hyper-articulated vowels. So as well as capturing attention, IDS is emphasizing *key linguistic cues* that help language acquisition.

Finally, IDS marks information that is new. In one study, mothers read a picture book to their babies, and researchers measured which words received the most stress. New words received primary stress on 76 per cent of occasions. When new words were read for the second time, they were again highly stressed on 70 per cent of occasions. When the mothers were reading the same book to another adult, this did not occur. Across cultures, similar effects are found. Mothers and other carers are not aware that they are using IDS to teach babies new information, but they are.

## Statistical learning of sound patterns



As well as the prosodic and acoustic clues that support word learning, babies are sensitive to *statistical* clues that tell them which sounds belong together and make words. For example, the sounds 'a', 'n', and 't' are much more likely to occur in the sequence 'ant' than in the sequence 'atn'. Indeed, no English words end in the sequence 'atn', although this sequence of sounds does occur in connected speech (e.g., in the phrase 'at night'). In statistical terms, therefore, sounds like 'n' and 't' are more likely to be next to each other *within* a word. Sounds like 't' and 'n' are more likely to be next to each other when they are in *different* words. Statistical learning occurs in other sensory systems too, and for language it doesn't require much input. For language, after hearing a two-minute sequence of novel syllables, babies as young as 8 months could recognize the sound elements that went together. For example, if they heard a continuous monotone stream like 'bidakupadotigolabubidaku.' they recognized that 'bidaku' had been heard before, but that 'dapiku' had not. Interestingly, statistical learning is even more efficient if the syllable stream is sung to the listener, or if speech rhythm cues support the statistical boundaries, as they do in natural speech. So language-learning babies are sensitive to multiple linguistic cues at once, making for more efficient learning.

## Sensitivity to native speech sounds

There are over 6,000 languages in the world, yet babies acquire whichever language (or languages) they are exposed to from birth. How do they know which sounds matter for their native language/s? Most babies are acquiring more than one language from birth (90 per cent of the world's population is multilingual), but that still leaves a lot of languages that are *not* learned. The infant brain seems to cope with the 'learning problem' of which sounds matter by initially being sensitive to *all* the sound elements used by the different world languages. Via acoustic learning during the first year of life, the brain then specializes in the sounds that matter for the particular languages that it is being exposed to.

This is called *categorical perception*. For example, we can think of the category of 'p' sounds, and the category of 'b' sounds. To make these different sounds, we move our articulators like our lips in the same way. The only distinctive cue to whether 'b' or 'p' is being spoken is how much we vibrate our vocal chords and obstruct the air flow through our lips. Although different speakers will vary in how much vibration and obstruction they use to create a 'b' sound, as listeners we *categorically* hear either a 'b' sound or a 'p' sound. A variety of different 'b' sounds are all heard as 'b', and then a slight further change in obstruction is suddenly heard as 'p'. Babies as young as 1 month hear these 'categorical boundaries' in exactly the same places as adults. In fact, many animal species discriminate categorical boundaries. Examples include chinchillas, budgerigars, and crickets. As these animals cannot talk, the brain appears to be responding to physical discontinuities in the stimulus that do not depend on knowing what language is being spoken.

Even so, there is important learning during the first year of life. For example, a language like Hindi has three speech sounds in the physical continuum from 'd' to 't', while English has only two speech sounds ('d' or 't'). Indian and English babies younger than a year can hear all three sounds. However, if the native language does not require this sensitivity, it is lost. Hence English babies older than about a year will no longer distinguish all three sounds. Indian babies will continue to distinguish them. Some sound elements are also visible on the lips. Imagine saying the words 'box' and 'vox'. Your lips are making a different shape, and babies are sensitive to these different shapes. For babies younger than a year of age, visual sensitivity is found for all the distinctions made in different languages. However, this visual sensitivity declines with learning. For example, a language like Spanish does not utilize the 'b'/'v' distinction to change word meaning. Spanish words which are written differently, like VASO and BUENO, both begin with the same sound. Indeed, sometimes two spelling forms are allowed to reflect this, as in CEVICHE and CEBICHE. Accordingly, after around a year of learning Spanish, Spanish babies stop distinguishing 'b' from 'v' on the lips *as well as* acoustically ceasing to make this categorical distinction.



Finally, social interactions with caretakers appear to be very important in determining categorical learning. Babies cannot learn the key sound elements of language from the TV. This was shown in a clever experiment that paired Mandarin Chinese graduate students with American English babies. The students played with toys with the babies, speaking all the time in Chinese. Usually, babies who do not hear Mandarin Chinese lose their sensitivity to Mandarin sound categories that are not used in English. However, as these babies were playing daily with Mandarin Chinese speakers, they retained these contrasts. The play sessions were also filmed, and new babies were then shown the Mandarin Chinese graduate students on TV. The films were taken from the babies' point of view, so that the students appeared to be handing toys to infants from inside the TV, etc. While the babies were fascinated by the videos and were highly attentive, frequently touching the screen, the 'TV babies' did not retain the Mandarin sound categories. So even though the 'TV babies' were exposed to the *same amount* of auditory and visual input, learning did not occur without the live presence of the adult.

## What babies say

Babies are active partners in conversations from very early on, even before they can say words. Not all vocalizing is speech-like, and indeed between 0–2 months babies produce quite a lot of grunting-type sounds when communicating. However, they also produce 'comfort' sounds which are vowel-like, with normal speech-like phonation. From around 2–3 months they begin 'gooing', producing sequences of speech-like sounds, followed by so-called 'marginal babbling'. Marginal babbling (approximately 3–6 months) does not involve mature syllables, but babies will produce 'proto-syllables' which include trilling and squealing sounds. From around 7 months onwards, full babbling is found. Now babies produce recognizable syllables in repetitive sequences, such as 'dadadadada' and 'mamamama'. These mature syllables can then function as building blocks for words.



Early vocalization is partly determined by the functioning of the *articulators*, the tongue, larynx, lips, etc. that we move to shape sounds into speech. Indeed, babies learning different languages seem to babble the same sounds in the same order. This sequential order seems to be determined by how easy it is to *make* the different speech sounds. Sounds like 'b' and 'p', and nasal sounds like 'm' and 'n', are easier to produce than fricative sounds like 'f', and therefore sounds like 'b' and 'p' appear first. Babies who are born profoundly deaf also babble. However, babbling in deaf babies has a later onset than in hearing babies (between 11 and 25 months), and the babble does not sound as speech-like as the babble of hearing babies. Interestingly, deaf babies who are in a *signing environment* will babble with their hands. They make unique hand movements, hand movements that are not found in hearing babies. These deaf baby hand movements follow the prosodic structures of natural *sign* languages. Hence deaf babies appear to babble the rudimentary *rhythmic* aspects of sign language. Hearing babies babble the rudimentary rhythmic aspects of spoken language—namely syllables.

Although hearing babies are similar across cultures in terms of which speech sounds are babbled first, the rhythmic structure of their babble is quite different. This was shown in an experiment that recorded vocalizations from babies of 6 months in different cultures. These babies were too young to produce any recognizable words. Nevertheless, when adults listened to the tapes, they could easily distinguish babies from their own culture. For example, French adults could pick French baby babble out of French, Arabic, and Cantonese babbling. In fact, the *frequency* of the sounds that are babbled also varies across cultures. For example, the sounds 'b', 'p', and 'm' are more frequent in French than in English. Accordingly, French babies produce more of these sounds than English babies, even though in both cultures these sounds are babbled early.



## Late talkers

There are enormous individual differences in how much language young children produce. This has been shown by experiments based on a measure called the *MacArthur-Bates Communicative Development Inventory*. The original measure was based on the first few hundred words and phrases that were typically acquired by American-English children, such as 'Mummy', 'Daddy', 'bye-bye', and 'all gone'. The Inventory has now been translated into over 20 languages. Parents complete the Inventory, marking how many of the words their children know, and fill it in again at different ages. These studies have shown enormous similarity across languages in the first words acquired by young children. They have also shown considerable cross-cultural similarity in the developmental time-course of comprehension and production. At the same time, they have demonstrated large *individual differences* between children acquiring the same language.

For example, in American English, median vocabulary size (the size that occurs most often) at 16 months is 55 words. By 2 years of age, it is around 225 words. By 30 months, it is 573 words, and by age 6 years, it is over 6,000 words. Nevertheless, some children will still not have produced a single word by the age of 2. Yet half of these 'late talkers' will show completely normal development of language by age 5. The other half of these children will go on to have a specific language impairment or will turn out to have another developmental disorder, such as autism. Unfortunately, research has still not been able to identify the factors that differentiate between these two kinds of late talkers. However, other risk signs for autism are known. These include the absence of behaviours that show an understanding of communicative intent, a construct discussed in Chapter 1. If late talking is combined with being less likely to respond to the sound of your name, avoidance of direct eye gaze and an absence of pointing to engage the attention of others, then the risk that autism is present is higher.



## The role of gesture

Babies can also clarify their intended communications by using gestures. Some gestures have almost universal meaning, like waving goodbye. Babies begin using gestures like this quite early on. Between 10 and 18 months of age, gestures become frequent and are used extensively for communication. At least four types of gesture can be identified by the age of 10 months. One type of gesture is intended to guide the carer's behaviour, such as pointing to a desired toy. Another type of gesture conveys emotion and expression, such as shaking the head for 'no'. Some gestures involve objects, such as turning the door handle to indicate that you want to go out, or holding a telephone to your ear. Finally, some gestures are made just to engage in shared meaning making, such as pointing to direct another person's attention to an object of mutual interest. As noted in Chapter 1, this type of gesture (proto-declarative pointing) is especially predictive of language development. After around 18 months, the use of gesture starts declining, as vocalization becomes more and more dominant in communication.

Observing babies and their gestures shows that quite complex meanings can be conveyed by simple actions. For example, in one observational study, Billy wanted to convey to his mother that she should choose the book that they would read together. Billy and his mother had a pile of books in front of them. Billy's mother said 'Billy choose one'. Billy shook his head, and said 'no'. Then he said 'mummy', while placing his mother's hand on the pile of books. This communicated the message that Billy didn't want to choose the book, he wanted his mother to choose the book.



## Early word learning and word production

By around 18 months of age, most children are producing words frequently. Indeed, one theory of language development proposed a special 'spurt' in word acquisition at around 18 months. It was argued that children suddenly began producing more and more words for things because they had achieved the insight that words are *names for things*. However, careful longitudinal studies have shown that most children do not experience a sudden 'naming burst' at 18 months. Rather, the first word is understood as early as 4 months of age, at least according to current experimental assessments (it could be earlier). The first word understood by a child is typically their own name.

Across different cultures, there is also considerable similarity regarding the first words that young children *produce*. The MacArthur-Bates Communicative Development Inventory reveals that young children produce words for games and routines ('peek-a-boo!'), words for food and drink ('juice', 'cookie'), animal names and animal sounds ('woof woof'), names for toys, and names for clothing and baby items ('bottle', 'bib'). By around 18 months, most children are entering the two-word stage, when they become able to combine words. By using simple constructions such as 'bee window' and 'pillow me!', toddlers can convey quite complex meanings ('There is a fly on the window'; and 'Hit me with your pillow!'). At this age, children often use a word that they know to refer to many different entities whose names are not yet known. They might use the word 'bee' for insects that are not bees, or the word 'dog' to refer to horses and cows. Experiments have shown that this is not a semantic confusion. Toddlers do not think that horses and cows are a type of dog. Rather, they have limited language capacities, and so they stretch their limited vocabularies to communicate as flexibly as possible.

Again, there is a lot of similarity across cultures at the two-word stage regarding which words are combined. Young children combine words to draw attention to objects ('See doggie!'), to indicate ownership ('My shoe'), to point out properties of objects ('Big doggie'), to indicate plurality ('Two cookie'), and to indicate recurrence ('Other cookie'). They also combine words to indicate disappearance ('Daddy bye-bye'), to indicate negations ('No bath'), to indicate location ('Baby car'), to specify requests ('Have dat'), and to indicate who should act ('Mummy do it'). It is only as children learn grammar that some divergence is found across languages. This is probably because different languages have different grammatical formats for combining words.



## Conceptual expectations

One reason that babies learn words so easily is that they have *conceptual expectations* about what people are using words for. That is, they appear to have learned that words are labels for things and for actions. Further, babies appear to expect that words will not just name one particular thing, but *categories* of things. In fact, if we study how adults name objects to young children, it turns out that we most often name at the 'basic level' of category. We use labels like 'car', 'dog', and 'tree'. We rarely name *specific types* of car, dog and tree. We also rarely talk at the 'super-ordinate level' about 'vehicles' and 'animals'. Adults' natural tendency to discuss the world at the 'basic level' has been related theoretically to perceptual similarities between entities in the world. For example, dogs are more similar in appearance to other dogs than to horses, even though both dogs and horses are animals with four legs. Cars are more similar in appearance to other cars than to trucks, even though both cars and trucks are vehicles with wheels. Nevertheless, cars and trucks are more similar to each other than they are to horses. One psychological theory about object categorization argues that these *perceptual* or *appearance-based* similarities are usually correlated with important structural similarities. For example, both dogs and horses have legs because they are animate and can move by themselves. Both cars and trucks have wheels because they are man-made and the wheels allow them to move. According to this view, parental naming practices reinforce the perceptual level at which entities are most similar to each other—the 'basic level'.



Another important expectation is that babies expect adults to be *truthful* namers of things. If a baby was surrounded by adults who were deliberately mislabelling objects, it would be much more difficult to acquire language. After all, a label like 'cat' only means 'animal with whiskers and a tail' because members of our culture have essentially agreed that this sound pattern will name this particular entity. 'We' have a shared belief system that the sound pattern 'cat' is used by all speakers to convey information about cats. Babies learn about these norms. For example, in one experiment, babies aged 16 months were shown photographs of familiar objects like a *shoe* and a *cat* while they sat on their carer's lap. The carer wore a blindfold so as not to inadvertently influence the babies' behaviour. As each photo appeared, it was labelled by the experimenter ('shoe', 'cat'). Occasionally the experimenter deliberately mislabelled the pictures, for example labelling a picture of a shoe 'cat'. Mislabelling led the babies to become distressed.

All the babies tried to correct the experimenter, either producing the correct label themselves, or shaking their head, or pointing to their own shoes. Some even tried to remove their carer's blindfold to get help, and some started crying. This brings us back to the importance of *communicative intent* for language acquisition, discussed in Chapter 1. Labels are not simply labels. They also reflect the *intentional states* of speakers.

## Linguistic influences

At the same time as having conceptual expectations about 'word-to-world links', babies are influenced by linguistic usage in their particular environmental context. This was noted already for the basic level of object categorization, but the effects of linguistic influences on conceptual development are much wider than this. Indeed, the effect of the words we use on the way that we think and the way that we perceive the world can be documented for adults as well as for babies (the 'Sapir-Whorf' hypothesis). One popular example comes from Whorf's original work, where he noted that describing a petrol drum as 'empty' led people to consider it as harmless. In fact, the drum still contained flammable vapours, even though no fuel was present. Labelling the drums as empty meant that some people disposed of cigarette butts in them. The subsequent explosions came as a surprise—surely the drum was 'empty'. In a similar way, it has been argued that for babies growing up in different linguistic environments, the conceptual world might be carved up differently by linguistic usage.



One nice example in the language acquisition literature comes from spatial concepts. In a language like English, the word 'in' matches *containment* relations—things are 'in' other things. The English word 'on' matches *support* relations—things are 'on' other things, as in 'the cup is on the table'. The cup is being supported by the table in the horizontal plane. However, the English word 'on' also specifies attachment to a surface in the vertical plane.

The fridge magnet is 'on' the fridge, or the doorbell is 'on' the door. This is different from Spanish, which has one word 'en' to refer to all three types of spatial relationship. It is also different from Dutch, which has a different word for each type of spatial relationship. Some linguists argue that these different words for spatial relations affect children's spatial concepts in these different languages. However, most of the research on linguistic influences uses simpler concepts like colour, and has not considered young learners of the languages studied. Perceiving and remembering colours seems only minimally affected by linguistic labels. Some languages have many words for a colour that has only one label in English. Other languages have a restricted set of colour labels that miss out altogether colours that we name in English. Although some experiments with colour words do show effects on perception and memory for colours, the effects tend to be small and context-dependent. So while linguistic usage must influence children's language development, relevant experiments are difficult to design.



## Language as a symbolic system

The fact that labels like 'cat' have no inherent meaning, but acquire meanings because of *cultural norms* regarding their use, means that words are 'symbolic'. They have no intrinsic connection to what they are labelling, but they do have a symbolic connection—they stand for the things to which they refer. Words are thus symbols that encode our experiences and that *stand for* concepts and events in the everyday world. This makes words very powerful for psychological development. Once you know the words, you can manipulate symbols *in your mind* to achieve new understandings. You can teach other people your knowledge using words. The Russian child psychologist Lev Vygotsky called human language a 'sign system', a human cultural development that enabled the symbolic representation of knowledge (see Chapter 7). Vygotsky argued that language was a psychological tool for organizing cognitive behaviour. A human could use these symbolic signs not only to communicate with another human, but to communicate with herself inside her head. Language enables us to think about what we know, to plan and to problem solve, and to change our own understandings. Hence language has a transformative effect on psychological development.

One of the transformative effects occurs because language enables children to reflect on their own understandings. In psychological terms, children can now reflect on their own cognitive processes, exploring their own thoughts. This is called 'metacognition'. However, children can also use language to explore their own emotions, feelings, and behaviour. In psychological terms, they can use language for 'self-regulation'. Being able to talk through an upsetting emotional reaction or a situation where one's behaviour led to unintended consequences helps understanding, and helps to prevent the recurrence of unwanted events. Even very young children will use language to regulate their own behaviour and their emotional responses. Indeed, individual differences in language acquisition are connected in important ways with how well children develop conscious control over their feelings, actions, and behaviour (see Chapter 5).



## Grammar

The grammars that characterize different human languages are relatively complicated. Because grammatical constructions are complex, it was believed for a long time that there was something unique about language acquisition. In fact, it was thought (for example, by the linguist Noam Chomsky) that babies were born with a special language acquisition device, or innate *universal grammar*. This special device meant that babies were biologically prepared to acquire grammatical structures, while other species were not. More recently, it has been argued that cultural learning and the general learning processes discussed in Chapter 2 (such as statistical learning and learning by analogy) are sufficient to support the development of grammatical learning. By hearing the unique utterances produced by the speakers around them, babies use their general learning mechanisms to extract the underlying structural conventions for word combination that we call grammar. Hence infants *construct* grammar from their listening experiences, supported by feedback from those around them.

As children begin to combine more and more words together, they test out different grammatical possibilities, occasionally making obvious errors ('We goed to the park'; 'It's very nighty!' [looking out at the dark]). Research suggests that adults correct these errors as part of natural conversation. They do not use direct correction (they do not say 'No, we say *we went* to the park'). In natural conversation with their young children, mothers and fathers will re-frame or *re-formulate* the child's utterance into the correct grammatical format ('That's right, we went to the park yesterday'). Between the ages of 2 and 3 years, more and more abstract constructions appear in children's everyday conversations. Children show increasing awareness of the correct *conventions* regarding word order and syntax in the language/s that they are learning. Children learn grammar through language *use*.

Michael Tomasello, an important theorist in language acquisition, calls their grammatical learning 'pattern-finding'. Children will learn a pattern (like [agent] [verb] [object]) and repeat it over and over ('Daddy cut the grass', 'Mummy did the shopping', 'The big dog chased the cat'). Indeed, observational research has shown that toddlers hear certain grammatical constructions literally hundreds of times a day. Constructions such as 'Look at x', 'Here's x' and 'Are you x?' make up approximately a third of the 5,000–7,000 utterances that (middle class) toddlers hear every day. As children get older, the abstract grammatical patterns that they notice and use get more and more complex ('I know she hit him', 'I think I can do it', 'That's the girl who gave me the bike'). So grammatical learning emerges naturally from extensive *language experience* (of the utterances of others) and from *language use* (the novel utterances of the child, which are re-formulated by conversational partners if they are grammatically incorrect).

## Pragmatics

As already noted, understanding communicative intent is essential to language-learning. This is because language is a tool for directing the mental states and attention of others. The social and communicative functions of language, and children's understanding of them, are captured by *pragmatics*. For example, we saw that the first word acquired by most infants is their own name. Recognizing your own name is pragmatically very important if other people are trying to communicate with you and include you in their social group. Other pragmatic aspects of conversation include *taking turns*, and making sure that the other person has *sufficient knowledge* of the events being discussed to follow what you are saying. We are all familiar with speaking to young children on the telephone, and only following part of what they are communicating! This is because young children have not yet learned all these pragmatic aspects of conversation. They frequently fail to adopt the perspective of their conversational partner, or they switch conversational topic without warning. These behaviours break the implicit 'rules' of being in a conversation, and impede communication.

The development of pragmatic understanding involves being able to use language both socially and appropriately. This includes understanding what is 'rude' or 'polite' in a certain social context. It also includes being aware of how *familiar* conversational partners are. For example, we might tell a close friend something that we would not tell a neighbour. Indeed, there are many subtle differences in social status that lead an adult to modify their way of communicating (for example, between boss and employee).

Children need experience to learn about all these aspects of pragmatics, and individual differences in social cognition (see

Chapter 4) play a role in how successful they are. The language used in many social routines is actually quite arbitrary. To learn about pragmatics, children need to go beyond the *literal* meaning of the words and make inferences about communicative intent. A conversation is successful when a child has recognized the type of social situation and applied the appropriate formula. For example, a child may have to say polite things when receiving a gift that she does not actually like. Children with autism, who have difficulties with social cognition and in reading the mental states of others, find learning the pragmatics of conversation particularly difficult. Children with conduct disorders also tend to have an impaired understanding of pragmatics.

## Chapter 4
# Friendships, families, pretend play, and the imagination

Children's experiences within their families vary widely. Yet these experiences have important consequences for social development, moral development, and psychological understanding. When children have siblings, there are usually developmental *advantages* for social cognition and psychological understanding. Siblings can be both allies and rivals, offering opportunities for experiencing affection, reciprocity, support, and of course conflict. However, children's friendships can deliver many of the same advantages. As single child families increase, children's friendships are likely to prove increasingly important for social development.

One of the most important factors for social and moral development seems to be *conversation* around incidents that arise with siblings or friends. Conversations that reflect on the child's feelings, on the psychological causes of other people's actions, and on moral transgressions are particularly effective. The most highly charged emotional situations that children experience usually involve other children. Children's growing understanding of beliefs, desires, and the intentions of others depends on the discussion of these highly charged situations with their families or other carers. Pretend play is another rich means whereby children come to understand beliefs, desires, and intentions, and pretend play with other children (or with an imaginary friend) is particularly important. These imaginary/pretence experiences are critical for giving children insights into 'mental states'. Understanding the mental states of another person allows the child to predict that person's behaviour on the basis of the person's internal beliefs and desires. This social/cognitive understanding is termed developing a 'theory of mind'. People's actions frequently depend on their *beliefs* rather than on objective facts about the world. Learning about these hidden beliefs is a key aspect of social cognition, and develops quite gradually.

## 'Mind-mindedness' in the family

Although an understanding of mental states develops continually over the child's first years, individual differences can already be measured in infancy. One critical factor in explaining individual differences is whether parents and other caregivers treat babies as individuals with *minds*. We saw in Chapter 1 that forming a secure attachment to the mother and/or other primary caregivers leads to the development of a positive 'internal working model' of the self. Research has also shown that the mothers of babies who are securely attached are more likely to be 'mind-minded'.



Mind-minded mothers interpret the behaviours of the baby as deriving from mental states. This 'mind-minded' attitude appears to help babies to come to understand mental states and the role of mental states in explaining people's behaviour. Young children who are better at understanding the psychological characteristics of other people (those people's *internal mental states*) are also better at understanding their likely behaviour towards the child herself. This means that the child's 'internal working model' of who they are and whether they matter will depend both on the *actual* behaviour of the parent or carer, and also on the *intended* behaviour.

'Mind-mindedness' can be assessed in various ways. For example, babies make a lot of sounds that are not real words, but they may intend these sounds to indicate particular meanings. Mothers who interpret the meanings of the sounds that their babies make as intended speech acts are assessed as more 'mind-minded'. Similarly, mothers who report that they cannot understand their babies, who they consider to be speaking 'double-Dutch' or 'gobbledegook', are considered less 'mind-minded'. These individual differences in maternal behaviour appear to be consistent. For example, in one study the same mothers were revisited when the child was 3 years old, and were asked to describe their child. More 'mind-minded' mothers would describe their child in terms of her/his emotions, desires, mental life and imagination. Less 'mind-minded' mothers focused on facts like height, weight and hobbies. When the children were aged 5 years, they were tested on false belief tasks that assessed their understanding of mental states. Children who had experienced caretaking that was more 'mind-minded' did better on these mental state tasks.

Developmentally, this range of 'mind-minded' behaviours is distinct from factors that lead to *atypical* pro-social development. Children who go on to develop seriously anti-social behaviour—deliberately starting fights, setting fires, defying teachers, and ignoring social norms—tend to have primary carergivers who interpret the infant's or toddler's behaviours as *deliberately hostile*. This 'hostile attribution bias' on the part of the carer infers hostile intent to apparently provocative acts by their child (e.g., breaking a toy). Such acts may be perceived as neutral by other adults. For the child, learning via social interaction and caretaking experiences that many apparent provocations by others do *not* have hostile intent is an important part of social development. Everyone has the inbuilt tendency to interpret acts with negative outcomes to the self as deliberately hostile, but this is often not the case. For example, when a parent is restraining a toddler or preventing them from achieving a desired goal (e.g., by putting the TV remote control out of reach), this is frustrating, but it is not hostile. Via experience, most young children learn to identify the cues that signal a benign intent on the part of the other—they develop a 'benign attribution bias'. Research suggests that young children whose own behaviour is consistently interpreted as evidencing hostile intent by their caretakers go on to interpret the neutral behaviours of other people as deliberately hostile. It is children who develop a *hostile attribution bias* who are at developmental risk for serious anti-social behaviour.

## Family conversations and mental state language

Most children begin using mental state words like 'think' during the second year of life, but again there are large individual differences. Even at the one-word stage, children as young as 20 months will use words to refer to internal states like pain, distress, affection, and tiredness. By the age of around 2 years, children will refer to their own physiological states ('I'm too hot. I'm sweating!'; 'I not hungry now'), to the states of consciousness of others ('Are you awake now?'), and to the emotions of other people ('Don't be mad, Mummy!'; 'You boo-hoo all better?'). They will also refer directly to mental states ('Do you think I can do this?'), to the distinction between pretend and reality ('Those monsters are just pretend—right?'), and to dreams ('I had a dream about a dog'). Finally, early emerging topics of discussion concern moral transgression, permission, and obligation ('Matthew won't let me play!'; 'Was he naughty?'; 'If I'm good, Santa will bring me toys'). Despite individual differences, by around 28 months around 90 per cent of children in one (middle class) sample were producing words referring to pain, distress, fatigue, disgust, love, and moral conformity. They were also producing sentences suggestive of some understanding of psychological causation ('I give a hug. Baby be happy'; 'I'm hurting your feelings, 'cos I was mean to you').

Family conversations about feelings and moral transgressions appear to be crucial for this developing understanding. In one study, discussions about feelings with 3-year-olds were found to be most frequent when the child was *arguing*, either with their sibling or with their mother. However, the same study found no difference in the frequency of discussions about feelings with girls versus boys, or in the frequency with which girls versus boys referred to their own feelings. What appeared to be important for children's development was having the conversations. When the same children were 6 years old, they were tested with video vignettes of emotional scenarios between adults and were asked to identify how the adults were feeling at different points during the interactions. Children who had experienced more family talk about feelings when aged 3 years were significantly better at identifying the mental states of the adults in these vignettes as 6-year-olds. These significant associations did not depend on the overall language abilities of the children, nor on the overall amount of mother–child talk in the different families. Rather, it depended specifically on the *frequency* of family discussions about feelings.

Studies such as this demonstrate that having 'normal' (rather than violent and deeply hostile) arguments and fights with siblings and other children is a necessary part of social development. If these disputes are then discussed in the family, identifying their psychological causes ('He was cross because you took his favourite cup'; 'Baby is happy when you do that') then children can learn about their own and others' emotions and mental states. Taking a pre-emptive approach by discussing the feelings and needs of babies or younger siblings can also be effective. The feelings of rivalry inherent in having a sibling in themselves help to develop psychological insights into another's mind, for example as children seek to improve their ability to annoy or upset their brother or sister.

Discussing the *causes* of disputes appears to be particularly important for developing social understanding. Young children need opportunities to ask questions, argue with explanations, and reflect on why other people behave in the way that they do. This helps not only pro-social development, but also the child's understanding of their own internal mental states, their own feelings, and their own behaviours. The mental states of another person cannot be seen directly, but mental states can be inferred from behaviour. Making these inferences successfully is helped by conversations within the family (or preschool) setting. Similarly, it can be difficult to understand one's own feelings in certain situations. Having conversations about mental states, ideally at the time that a flashpoint is reached, helps children to understand both their own minds, and the minds of others.

Finally, being a parent is an emotionally challenging experience, and how parents deal with their own emotions plays a role in effective parenting. It is an unfortunate fact that in some families, parent–child relationships are quite hostile, and parental control strategies are inconsistent and ineffectual, or rely on harsh discipline. In such families, children are more likely to engage in bullying behaviour or physical aggression against other children once they reach school. For example, in one study children from families in which parents reported using control strategies like hitting, grabbing, and shoving the child were more likely to exhibit behaviours like starting fights, disrupting classroom discipline, and being defiant to the teacher. As family interactions are central to the development of pro-social understanding, families that are characterized by sustained (not occasional) violence and aggression to children, a hostile attribution bias on the part of parents, and punitive child control methods, tend to produce children in whom the development of social understanding is impaired.

Unfortunately, these effects can be exacerbated by having violent siblings and peers. Sibling interactions usually mirror the quality of other family interactions, and so families experiencing negative parent–child interactions and marital discord are frequently also experiencing more hostile sibling relationships. For example, one study of 'hard-to-manage' preschoolers showed that their pretend play in preschool was significantly more likely to involve killing others or inflicting pain (e.g., 4-year-old child brandishing a toy sword, and shouting 'Kill! Kill! Kill me!'—his friend dropped his toy sword and said 'no'). These hard-to-manage children also showed impaired moral awareness and social understanding at age 6. Developmental processes are impaired further when language development is poor and 'executive function' skills, which govern the development of self-regulation, are delayed (see Chapter 5).

## Pretend play with carers helps psychological understanding

Pretend play provides an important avenue for understanding mental states. Pretend play can be solitary, or with an adult carer, or with other children. A lot of pretend play with siblings and other children is social play. Children will 'play' at being mummy and daddy, or 'play' at being sisters, or 'play' domestic scenes like cooking a meal, or 'play' going to school. Imagining these situations and gaining some control over what happens in them *via playing* appears to be very important for child development.

Pretend play with mothers and adult carers is different from pretend play with other children, but both are important. Pretend play with adult carers is often object-focused. For example, adult and child may pretend to be on the telephone to each other, but the 'telephone' may be a banana. This kind of pretence enables children to 'decouple' the actual object (the yellow, curved banana) from the symbolized object (the telephone receiver). Pretend play around objects helps children to 'quarantine' the real nature of the objects from their symbolic nature. The child can have two mental representations of the same entity at once.

Although pretending with objects begins by being closely tied to the real nature of the objects (e.g., giving a doll a pretend drink from the child's own cup, or from a toy cup), during the second year of life it becomes more abstract. A curled leaf may become a cup. In psychological terms, pretending enables the creation of 'symbols in thought'. An object has a role in a pretend game not because of what it actually is, but because of what it *symbolizes in that game*. A stick might become a horse—in thought, the stick *is* a horse. In this sense, the emergence of pretend play marks the beginning of a capacity to understand one's own cognitive processes—to understand thoughts as *entities*.

Older 2-year-olds will plan pretend games in advance, and search out the desired props. Young children also imitate the pretend play of their carers. Their pretence is generally more sophisticated when an adult is one of the players. Indeed, Vygotsky argued that adults can play an important role in initiating or extending socio-dramatic play for learning purposes (see Chapter 7). Adults can guide play so that it becomes, in Vygotsky's words, 'a micro-world of active experiencing of social roles and relationships'. In Vygotsky's theory of child development, teacher-guided play is an important mechanism for education, as it can support *cognitive* rather than purely social development.



Another important aspect of pretence is sharing mental states. For example, if a stick has become a horse in the game, this only works because all the players in the game 'agree' that the stick is a horse. Hence pretend play shares with language communicative intentions. The players in the game share the *intention* that the stick symbolizes a horse, just as partners in a conversation share the *intention* that abstract sound patterns (spoken words) symbolize certain meanings. In this way, pretend play fosters the development of a symbolic capacity, which appears to be unique to humans. Rather than operating in the here-and-now with actual objects, the child is operating in an imaginary world with symbolic objects. Symbolic representations are an important aspect of human culture—words, drawings, maps, photos, and so on are all representations of aspects of reality, they are not the objects or settings *themselves*. Understanding symbolic representation has a protracted developmental timecourse, but pretend play is an important early mediator.

## Play and pretend play with friends and imaginary friends

In contrast to pretend play with adults, pretend play with siblings and friends is more likely to be social pretence, and can be emotionally highly charged. Further, the players are more likely to be equal actors in the drama. Conversations about feelings are more prevalent in pretend play with siblings and friends than in pretend play with caregivers/teachers. This seems to be helpful for developing an understanding of mental states. Social pretence also enables an understanding of *social norms* and of social situations. For example, Vygotsky commented on two sisters who were 'playing' at being sisters—

> the child in playing tries to be what she thinks a sister should be. In life, the child behaves without thinking that she is her sister's sister. In the game of sisters... both are concerned with displaying their sisterhood... they dress alike, talk alike... as a result of playing, the child comes to understand that sisters possess a different relationship to each other than to other people.

Going to nursery or preschool opens up the opportunity for children to have multiple friendships and to experience pretend play that makes high demands regarding imaginary interaction and co-operation. As children get older less time is spent in actual play, and more and more time is spent in negotiating the plot and each other's roles. Studies of pretend play between 3-year-olds show that pairs of children who engage in more mental state talk while pretending perform better in tasks measuring their understanding of mental states a year later. So more pretending is associated with better 'mind-reading' when children are older. Sharing imaginary worlds, reading the intentions of your friends, and discussing co-operatively how to fit everyone's actions and mental states to the game at hand, has beneficial effects on the development of a 'theory of mind'.

Of course, not every child has siblings or friends who live close enough for daily play. And a surprisingly large percentage of children invent an imaginary companion to supplement their friendships. Studies suggest that between 20 per cent and 50 per cent of preschool children have an imaginary friend. First-born children are those most likely to invent an imaginary friend, and girls are slightly more likely to have imaginary friends than boys are. Most children invent a friend who is the same gender as they are, and some children have more than one imaginary friend. Research shows that children who have imaginary friends are no more shy or anxious than other children, and have as many live friends as children who do not invent imaginary companions. However, those children who do have imaginary friends tend to have richer language skills and tend to be better at constructing narratives than other children. Indeed, creating an imaginary companion requires the child to create a detailed story about the imaginary friend's name and appearance, likes and dislikes, and actions and intentions. Hence many aspects of pretend play with friends are also present in pretend play with an imaginary friend, and appear to play a similar role in promoting pro-social development.



Having friends and playing with them is also important for developing understanding of the *emotions* of others. Individual differences in the ability to read and respond to another's emotions play a key role in children's early friendships. For example, being able to sense when a friend is angry or upset, and knowing what is likely to comfort or amuse them, makes a child a popular friend. Friendships can also introduce various moral issues like cheating, not sharing fairly, or intentionally causing harm to another. Again, learning to negotiate these moral dilemmas and learning to respond appropriately to them has benefits for pro-social development. Longitudinal studies suggest that children with good social understanding, successful communication around transgressions, and high levels of shared co-operative imaginary play find it easier to make new friends when they go to school. As friendships necessarily involve more than one person, how pro-social the child's friends are will also affect the quality of children's friendships. For example, studies suggest that children whose preschool friends are rated by their teachers as more pro-social children are more insightful about the new friends they make when they go to school. Children with more pro-social friends also describe less conflict in these new friendships, and rate themselves as liking their new friends more. The significance of *who* you are friends with for the quality of your later friendships appears to begin in the preschool years.

## Pretend play and self-regulation

Pretend play is also important because it usually has *rules*. Children are motivated to stick to these rules because they are part of the game. Hence as Vygotsky recognized, pretend play enables the development of successful self-regulation strategies. Usually, children obey rules because they are compelled to do so by an adult, and the rules go against the child's actual desires. For example, the rule might be 'no chocolate until you have had your dinner'. The child's desire may be for the chocolate and not for the dinner. In pretend play, the rules of the game are invented by the players, and being a participant in the game is the *most* desired state. Hence the child's desire necessitates following the rules of the game. If the game involves chocolate, and the chocolate symbolizes poison in the game, then the child won't eat the chocolate.

Russian psychology has studied these aspects of play more than Western psychology. One lovely example is a group of 6-year-old boys who were playing at being firemen (fire fighters). One boy was the chief, one was the engine driver, the other boys were the firemen. The chief shouts 'fire', they all jump into the toy engine, and the engine driver pretends to drive. They reach the fire and the fire fighters jump out to extinguish the fire. The driver jumps out too, but the other boys tell him to get back into the engine, he has to stay with the engine. So he sits in the engine, controlling his desire to be part of the action.

In another example from Russian studies, children were playing at being sentries. Experimenters measured how long they could stand still. Children aged from 3 to 7 years stood still for a shorter time when they were playing being a sentry standing alone in a room. When their friends were also in the room, monitoring whether the sentry kept still, most children could stand still for much longer. Pretend play hence helps the child to self-regulate their desires and emotions. For infants and young toddlers, play is driven by *things*. Switches demand to be operated, stairs demand to be climbed, doors demand to be opened. As children get older, the world of the imagination takes over. Games become complex, they are planned in advance, props are used. Imaginative pretend play is fundamental to child development.



## Pro-social behaviour, morality, and social 'norms'

The agreed 'rules of the game' that may characterize pretend play also help children to develop an understanding of *social norms*. Social norms create a social framework in which we feel obliged to act in certain ways. These ways are ultimately beneficial for society. Social norms govern what is obligatory (e.g., we do not intentionally harm others) and what is permissible (e.g., we should help others, but it is permissible to offer more help to family members than to strangers). Social norms also vary across cultures. Individual differences between children in understanding social norms are another important factor affecting pro-social development.

In pretend play, children can create norms and follow them ('to come into our fort, you have to have a light sabre'). Creating norms in play is thought to help to develop general understanding of *cultural* social norms. Again, understanding the intentions of another and understanding others' emotions appear to underpin developmental differences in children's acquisition of social norms. Children who are anti-social either know about social norms but don't care about them (usually termed psychopathic, these children represent only 1 per cent of the population), or more usually are children who are developing in family contexts that do not facilitate understanding of social norms. Families that do not talk about the intentions and emotions of others and that do not explicitly discuss social norms will create children with *reduced* social understanding. Everyone feels anger at an act that harms the self, and it is normal to feel aggression towards the perpetrator. However, many apparently provocative acts are *neutral* in intent. Families who discuss the emotions and intentions around such acts foster the development of an understanding that many such acts were not intended to provoke and harm—facilitating the development of a *benign attribution bias*.

Alternatively, in some families *mis-perception* of an intention to harm can characterize both adults' perceptions of their own children's behaviour, and children's perceptions of the intentions of others (a *familial* 'hostile attribution bias'). As noted earlier, when key attachment figures do not model benign intent and do not discuss the intentions of others as benign, then the hostile attribution bias that we all feel automatically can become entrenched. Unfortunately, serious anti-social behaviour is highly stable. Consider a boy who is walking down the corridor at school when another boy knocks into him and causes him to drop his books. Bystanding boys laugh. Does the boy interpret this as 'disrespect', a malevolent act that is a provocative threat to his reputation and identity? If so, he will act aggressively. Or does he interpret it as a chance act, benign in terms of intent? If so, he will walk away.

Alternatively, children may be too *impulsive* to abide by social norms in emotionally charged situations. Impulsivity will reduce as self-regulation skills develop. Related reseach suggests that children with anti-social behaviour who display a lack of guilt, the callous use of others for their own gain, and a lack of empathy, are those most likely to show persistent severe and highly aggressive patterns of anti-social behaviour. Not all children with a hostile attributional style become chronically aggressive, however. Such children are also at greater risk for depression and anxiety disorders. Studies on effective interventions for such children are currently limited. However, interventions that tackle the origins of a hostile attribution bias, for example by teaching mothers that infants are not capable of behaving with hostile intent, show some promise. Interventions that teach parents methods of using positive rewards to encourage pro-social behaviour rather than harsh discipline may also be successful.

Difficulty in understanding social norms can also accompany some developmental disorders, such as autism. Children with autism often show profound delays in social understanding and do not 'get' many social norms. These children may behave quite inappropriately in social settings (e.g., commenting loudly on how ugly someone is, or showing their distress when given an unappealing gift). Children with autism may also show very delayed understanding of emotions and of intentions. However, this does not make them *anti-social*, rather it makes them relatively ineffective at being pro-social. Children with autism are no more likely than other children to behave aggressively or to be mean to other children.



## Ingroup loyalty

Socio-moral principles like reciprocity and fairness are most likely to be modelled within the family, where they bring benefit to all family members. Indeed, young children develop a sense of who is and is not in their 'ingroup' from a surprisingly young age. The 'ingroup' usually extends beyond the family to other 'people like us'. And children, like adults, are more likely to act in pro-social ways to ingroup members. For example, children are more likely to share objects or foods, or to point out useful information, to ingroup members. A large literature in social science demonstrates the crucial role of ingroup members in our everyday lives. Indeed, some evolutionary analyses suggest that sharing with one's group was originally vital for survival. For example, collaboration in hunting was essential for the group to eat. In large-scale societies such as modern Western societies, where our dependence on each other is less obvious, we need *heuristics* or simple mechanisms for co-operating with relative strangers while excluding 'cheaters' or 'free-loaders'. Social evaluation of who is a member of the ingroup is one such heuristic, and is present at a surprisingly young age.



One nice example comes from an experiment using language. Infants aged 10 months from Paris and Boston were studied. The infants were shown identical videos, in which two women were talking, one speaking French and one English. Each woman then offered the infant an identical toy. As they extended the toy towards the infant, it disappeared from the camera shot and two real copies of the toy appeared on the table in front of the infant. The infants in Paris were significantly more likely to pick up the toy offered by the French-speaking woman, while the infants in Boston were significantly more likely to pick up the toy offered by the English-speaking woman. When the paradigm was extended to examine race, and the infants in Boston were offered toys by two English-speaking women, one black and one white, the (white) infants showed no preference between them. This implies that speech community confers ingroup status for infants, while colour does not.

Pro-social obligation to the group also means that we should help ingroup members more, or give them more resources if resources are limited. Even very young children seem aware of these obligations. For example, in a sweet-sharing experiment with dolls, 3-year-olds were given insufficient sweets to distribute, so that they could not give each doll the same number of sweets. The children gave more sweets to dolls who were described as *siblings* and fewer sweets to dolls who were described as *strangers*. When there were sufficient resources, the 3-year-olds shared fairly between all the dolls. In similar experiments with 5-year-old children who were randomly assigned to a 'red t-shirt' group and a 'blue t-shirt' group, the children shared more resources with 'their' group when shown unfamiliar children wearing either red or blue t-shirts in a video, even though group status was completely arbitrary. This suggests an implicit awareness of social attitudes to the 'ingroup' by age 5. Girls were also found to preferentially allocate resources to other girls, whereas boys did not show a gender bias. 'Ingroups' provide a way of organizing social interactions to promote ingroup 'favouritism'. Social learning of cultural 'ingroups' appears to develop early in children as part of general socio-moral development.

## Reciprocity and popularity



One reason that children allocate more resources to ingroup members is thought to be an expectation of *reciprocity*. Usually, you can expect reciprocal treatment from your ingroup members—if the situation were to be reversed, they should usually allocate greater resources to you than to an 'outgroup' member. Again, from an evolutionary perspective, such reciprocity was vital for survival, for example in collaborative foraging. Being part of a group is also socially motivating, as it acts to reinforce a child's social identity. Further, being loyal to one's 'ingroup' is likely to make the child more popular with the other members of that group. Being in a group thus requires the development of knowledge about how to be loyal, about conforming to pressure and about showing ingroup bias. For example, children may need to make fine judgements about who is more popular within the group, so that they can favour friends who are more likely to be popular with the rest of the group.

Perhaps unsurprisingly, rapid development in these abilities appears to occur once children enter school. Making accurate judgements is also supported by cognitive skills like multiple perspective-taking ability. However, even children as young as 6 years will show more positive responding to the transgression of social rules by ingroup members compared to outgroup members, particularly if they have relatively well-developed understanding of emotions and intentions. Some researchers have suggested that children with better social understanding are more likely to act as part of a 'gang', approving or even joining in with the misdemeanours of others in their social group. Children's awareness of ingroup and outgroup distinctions can also be shown via studying their understanding of cultural examples of ingroups, such as being a fan of a particular football team. Again, it is children with good social perspective-taking skills (i.e., able to appreciate the psychological perspectives of other people) who show more advanced ingroup/outgroup understanding, as well as children who are members of more social groups (such as after-school clubs, sports clubs, and choirs).

# Chapter 5
# Learning and remembering, reading and number

Going to school makes dramatic new demands on young children. Rather than occurring as part of everyday experience, learning, reasoning, and remembering become active goals in their own right. Successful school performance requires children to develop knowledge about their own information-processing skills: 'How good is my memory?' Children also need to be able to monitor their own cognitive performance. School requires children to develop knowledge about the kinds of *cognitive* demands made by different classroom tasks. Psychological research shows rapid development in all of these 'meta-cognitive' skills between the ages of 3 and 7 years. Research on children's developing knowledge of their own cognition (*meta*-cognition) is covered here and in Chapter 6. At the same time, young children are dealing with the non-trivial requirements of learning to read and write, and learning mathematics. As both reading and mathematics are cultural inventions that have been developed over hundreds of years, it is perhaps unsurprising that children take a while to acquire them successfully.

## Successful remembering

Children develop various kinds of memory, and all are important for learning in school. The types of memory researched by psychologists include semantic memory (our generic, factual knowledge about the world), episodic memory (our ability consciously to retrieve autobiographical happenings from the past), and implicit or procedural memory (such as habits and skills). Memories that can be brought consciously and deliberately to mind (semantic and episodic memory) are clearly required to benefit from schooling, yet implicit memories, habits and skills can also be important. For example, children aged 3–5 years who are shown 100 different pictures once, one after the other, can recognize 98 per cent of them in a recall task ('did you see this one?'). Such experiments suggest that *implicit* recognition memory (visual recognition memory) is well-developed even in very young children. Memory research has also shown that, contrary to popular belief, young children seldom *invent* memories of events that have not occurred. In fact, even very young children can remember distinct (typically unusual or emotionally important) events with great clarity. In one longitudinal study, a 4-year-old recalled that, when he was 2-and-a-half years old, 'I fed my fish too much food and then it died and my mum dumped him in the toilet'. Another child, who was lactose-intolerant, remembered that at 2-and-a-half 'Mummy gave me Jonathan's milk and I threw up'.

When children are very young, they are focused on learning what psychologists term 'scripts' for routine events. Scripts contain knowledge about the *temporal* and *causal* sequence of events in very specific contexts. Examples include 'doing the shopping', 'doing laundry', 'getting ready to go out', and 'eating lunch'. Scripts are important for organizing the experiences and events of everyday life into a predictable framework. These scripts can then be recalled explicitly on demand. Such scripts, or 'general event representations' develop from an early age and their retention is supported when children have regular routines. Regular routines in effect provide multiple learning experiences for understanding everyday life. Developing basic frameworks for storing, recalling, and interpreting particular experiences is fundamental to how our memory systems work, and this is true for adults as well as for children. Scripts are essentially the way in which we structure and represent our memories of reality.

Scripts enable the world to be a secure and relatively predictable place. Knowing what is routine also enables better memory for what is *novel*. Novel events can be tagged in memory as departures from the expected script. An event like having pudding before the main course at dinner time, because the cooking was taking a long time and everyone was hungry, is very memorable because of its rarity.

At the same time, the ways in which parents (and teachers) interact with children has an influence on the development of autobiographical episodic memories. Shared past events that are frequently refreshed via family recollection or discussion in class are (unsurprisingly) retained better than past events that are not refreshed. At the same time, the ways in which children are questioned about past events has an important effect on how much they remember. The use of a series of specific questions ('Where did we go? Who did we see? Who else was with us?') is one effective way of consolidating children's memories. This is particularly true if the adult then *elaborates* upon the information provided by the child. In one research study, mothers were asked to recall a particular event with their 4-year-old child, such as a visit to the zoo. Mothers who asked the same question repeatedly, without elaboration ('What kinds of animals did you see? And what else? And what else?') were less effective in helping their child to store memories than mothers who elaborated their child's information and evaluated it ('Yes, and what was the lion's cage like? Do you remember if we saw tigers?').

When the children were asked to recall these events again when they were aged 5 and 6 years, it was the children with more elaborative mothers who showed better recall. Such children remembered significantly more accurate information. One reason this occurs is because children (and adults) *construct* episodic memories. Episodic memories are stored partly via rehearsing and recalling an experience (as when adults gossip!). Helping children to recall their experiences in an elaborative way aids the construction process. Therefore, prior knowledge and personal interpretation affect what is remembered. The language skills of the child herself are also important. Good language skills improve memory, because children with better language skills are able to construct narratively coherent and extended, temporally organized representations of experienced events.

Finally, talking about the past with one's parents, family, and school friends enables the construction of a personal *autobiographic history*. This is important for developing a sense of self. Younger children use discussion about the past to strengthen their understanding of their family and of their role within the family. School-aged children talk about their autobiographical past to deepen their relationships with their peers. By discussing our past, we are 'sharing ourselves' with others, and cementing our personal relationships. Creating a shared past also makes us members of a community or a social group. Researchers believe that *shared reminiscing* of this nature helps children to learn how to be a 'self' in their particular culture and social group. Aspects of self-definition vary across cultures, with the 'self-story' of the individual assigned more importance in Western societies than in Asian cultures for example.



## Learning to learn and to reason

Research with babies and toddlers (see Chapter 2) has already shown us that much early learning is automatic and depends in part on the way that our sensory systems, like seeing and hearing, operate. Human perceptual systems learn information in a way that enables *explanatory frameworks* to develop. For example, the explanatory system for naive physics is organized around a core framework for describing the possible behaviour of cohesive, solid, three dimensional objects. Observation of the dynamic spatial and temporal behaviour of objects, people and animals generates an important evidence base. At the same time, children have brains that are tracking all kinds of statistical co-dependencies. This statistical database is an extra source of evidence to dynamic spatio-temporal relations. In addition, young children seek hidden features to help them to understand what makes objects and events similar. Children seek such features because they are actively learning 'causal explanatory frameworks' for interpreting the world around them. These kinds of perceptual and causal learning are extended by the child's experiences in school.

In addition to inferring *implicitly* the causal structure of events, once at school children also need to make *explicit* these learning processes. Children need to use their learning abilities deliberately. They need to explicitly co-ordinate evidence with theories about how things work. They need to learn how to formulate and test hypotheses deliberately rather than intuitively. This can be achieved via systematic interventions and manipulations. Action—the child doing something active by themselves in a learning situation—appears crucial to causal learning. These processes of learning and reasoning, along with learning by imitation and learning by analogy, must become explicit to optimize development. For example, psychology research shows that as the child becomes able to manipulate different causes and observe the effects of these manipulations, further learning occurs.

In one experiment on causal learning, children aged between 2 and 5 years were given a novel toy machine and told that it was a 'blicket detector'. The children were told that certain objects ('blickets') could be placed on the machine to make it go (the machine lit up and played music). As the children watched, one building block (A) was put on the machine by the experimenter. Nothing happened. Then a second block (B) was added, and the machine began to play music. The children were asked 'Can you make it stop?' Most of them removed just block B—and the machine stopped.

At the same time, the kind of intuitive physical reasoning that was discussed in Chapter 2 can be susceptible to *biases*, exactly because of the operation of our sensory systems. One example is the 'gravity error' found in young children. Young children assume that if an object is dropped, it will fall straight down. Their prior experience of gravity means that this assumption is usually correct. However, when children see a ball being dropped into an apparatus consisting of three opaque twisted tubes which form a visuo-spatial maze, the gravity rule may not apply. Nevertheless, young children seek the ball using a 'straight down' rule. The children apparently ignore the fact that the twisting means that the tube's exit is not directly below its entrance, even though they can observe the twisting. They still apply the gravity rule. So they search in the wrong place.

In fact, adults also make gravity-like errors in more complex situations. For example, most adults still hold an intuitive theory that objects that are dropped fall straight down. Therefore, they think that if a ball is dropped from the window of a moving train, it will fall downwards in a straight line. But in fact the ball doesn't fall straight down, it falls forwards in an arc. This is because the moving train imparts a *force* to the ball, which affects its trajectory as it falls (this is Newtonian physics). Most children (and many adults) employ a *pre-Newtonian* theory of projectile motion, and reason that the impetus imparted by *dropping* governs the fall. For adults and children to reason correctly, using Newtonian physics, direct teaching is required. In fact, brain imaging work suggests that even when we successfully learn particular scientific concepts, such as the Newtonian theory of motion, these concepts do not *replace* our misleading naive theories. Rather, the brain appears to maintain *both* theories. Selection of the correct basis for reasoning in a given situation then depends on effective (and unconscious) inhibition of the wrong physical model.

## Inductive and deductive reasoning

Both inductive and deductive reasoning are used by preschoolers, and both types of reasoning continue to be important during schooling. Inductive inferences are ubiquitous in human reasoning. They involve 'going beyond the information given'. A typical inductive reasoning problem might take the form 'Humans have spleens. Dogs have spleens. Do rabbits have spleens?' As all the animals listed are mammals, children as young as 4 years will reason by analogy that rabbits probably do have spleens. However, if children are given the problem in the form 'Dogs have spleens. Bees have spleens. Do humans have spleens?', then they are more reluctant to draw an inductive inference (and so are adults). This is because the most important constraint on inductive reasoning is *similarity* between the premise and conclusion categories. Dogs and bees are not that similar. Successful inductive reasoning also depends on the *sample size*, and the *typicality* of the property being projected.



The most familiar form of inductive reasoning is probably reasoning by analogy. When we use analogies, we are reasoning that two entities are similar not because of their perceptual appearance, but because of a similarity in underlying *structure*. Structural similarity can be simple, as in the analogy that led to the invention of Velcro. Noticing from observation that plant burrs that stick to our clothing have tiny hooks that make them stick, the inventor of Velcro created a material with many tiny hooks. This enabled Velcro to stick by an analogous hooking mechanism. Structural similarity can also be quite abstract, such as the analogy based on the solar system that is used to teach children about atomic structure. This analogy depends on the structural relation of *orbiting*. In the solar system, the planets orbit the sun, while in the atom, electrons orbit the nucleus. In both cases, the orbiting objects hold their paths because of gravitational force.

Although perceptually similar analogies are easier to spot, once children understand the relations or structural similarities in an analogy, inductive reasoning is difficult to impede. For example, research studies with toddlers and 3-year-olds have shown analogical reasoning in a range of different situations. If all the relations in an analogy are understood, then developmental differences in performance will depend on other factors, such as the efficiency of 'working memory'. However, if children do not understand or do not know the relational basis for an analogy, then analogical reasoning will be difficult, even for older children. The same is true for adults. The analogy items in IQ tests are difficult not because they require reasoning by analogy, but because the premises are unfamiliar. For example, it is difficult to complete the analogy '*inches are to length as lumen is to?*' if you do not know that *lumens* are a unit for measuring brightness.

In contrast to inductive reasoning problems, deductive reasoning problems have only one logically valid answer. Deductive reasoning is important for many subjects in school, especially mathematics. Psychology studies measure the development of deductive reasoning via the 'logical syllogism'. In a syllogism, even answers that run counter to known facts may be deductively valid. For example, given the premises:

All cats bark
Rex is a cat

the logically correct answer to the question 'Does Rex bark?' is 'yes'.

In such 'counter-factual' syllogisms, the premises go against our real-world knowledge that dogs bark, and cats meow. However, the plausibility or real-world accuracy of the premises is not the point. The test of reasoning is to make the correct logical deduction, accepting the validity of the premises.

Research shows that even 4-year-old children can solve logical syllogisms accurately, even if they are counterfactual (as in barking cats). However, syllogisms based on familiar premises are easier, at all ages. Experiments have also explored ways to make counter-factual reasoning easier for children. For example, presenting counter-factual premises in play situations (pretending to be on a planet where cats bark) helps young children to reason logically. However, 4-year-olds can also succeed in reasoning about counterfactuals if they are explicitly asked to *think* about the premises. When told:

All ladybirds have stripes on their backs.
Daisy is a ladybird.
Is Daisy spotty?



One 4-year-old commented, 'All ladybirds have stripes on their back. But they don't', and then deduced that Daisy was stripey and not spotty. Hence even young children can recognize that the premises, whatever they may be, *logically imply* the conclusions. As they get older, children become better at reasoning deductively in a range of situations, as discussed in the next chapter. However, the ability to make logical deductions on the basis of premises is clearly available to preschoolers, and children's logical reasoning skills can be recruited to help them to learn by effective primary school teaching.

## Learning to read and write

The cultural invention of writing has had a profound effect on human cognition. Printed symbol systems like the alphabet or Chinese characters are visual codes for symbolizing spoken language. Reading is thus the cognitive process of understanding speech when it is represented by a visual symbol system. Put simply, reading is understanding speech when it is written down.

Via writing information down, we can communicate with people not yet born, and we can keep a record of the past. Once we have learned to read, we can also read to change our own brains. For example, we can acquire new information from reading rather than from direct experience. Research studies show clearly that reading is not simply a visual skill, rather it is a *linguistic* skill. Different aspects of linguistic development, such as morphological and semantic knowledge, all play a role in how efficiently a child learns to read. However, the most important aspect of linguistic knowledge for reading acquisition is *phonological knowledge*. This is knowledge about the sounds and combinations of sounds that comprise words in the child's native language. Knowledge about prosodic structures, about word boundaries, and about syllable stress patterns are all important. When we learn to speak, we are not consciously aware of the sound elements that comprise different words. Hence when we learn to read and write, we need to make this phonological knowledge *explicit*. The term 'phonological awareness' has been coined by psychologists to refer to children's explicit phonological knowledge.

Phonological awareness tasks measure children's ability to reflect deliberately on the sound structure of words. For example, children's ability to detect rhyming patterns or stress patterns in words is measured, or to detect and manipulate the individual sound elements in words that we represent by letters. Thus pre-reading children might be asked to detect the word that does not rhyme out of the spoken words 'cat', 'hat', and 'fit', or whether 'pig' and 'pin' begin with the same sound. Individual differences in these kinds of tasks are strong predictors of how quickly and how well a child will learn to read and to spell. The relationship between phonological awareness and reading development is found in all of the world's languages, not just in languages that use the alphabet.

One of the best ways of developing 'phonological awareness' in young children is via the motivation to write. In order to spell a word, we need to think about the sound elements in the word and the sequence in which they occur. Early spellings produced by pre-readers may not be accurate. Nevertheless, if these early or 'invented spellings' show phonological insight, this is a good sign developmentally. A pre-reading child who writes 'B cwyit!' for 'Be quiet!', or 'Hoo lics hane!' for 'Who likes honey?' is showing *good* phonological awareness. Young spellers may also confuse letter names with letter sounds when writing, as in 'HN' for 'hen' (the name of the letter N is being used), or 'My dadaay wrx hir' for 'My daddy works here' (the name of the letter X is used quite ingeniously in this example).

Phonological awareness skills in pre-readers can be enhanced by learning nursery rhymes and by games of word play, including playground chanting and clapping games. Phonological awareness can also be enhanced by musical activities with a focus on syllable 'beats' (e.g., playing a drum to the syllable patterns in a nursery rhyme like 'Pat-a-cake', or marching to the syllable beats in 'The Grand Old Duke of York'). Phonological awareness is also enhanced by singing and other rhythmic co-ordination of voice and an external beat (e.g., rapping). Any games that focus on listening skills, like 'I Spy', are also useful. Activities that enhance children's ability to hear metrical stress patterns (nursery rhymes are often perfect metrical poems), to hear the syllable structure of words, and to hear rhyme, will all support early alphabetic learning.



Given a strong oral language phonological foundation, and good oral language skills, most children will learn the alphabetic code quite quickly, and will be able to recode simple regularly spelled words to sound during the first year of schooling. Once children begin reading, then letter-sound knowledge and 'phonemic awareness' (the ability to divide words into the single sound elements represented by letters) become the most important predictors of reading development. We saw in Chapter 3 that even babies can respond to phonetic boundaries in the acoustic signal (they can reliably discriminate a 'p' sound from a 'b' sound, for example). However, chinchillas and budgerigars can make similar distinctions. The sound elements represented by alphabetic letters are an *abstraction* from the acoustic signal, and are unlikely to be learned easily by chinchillas or budgies. For example, the words PIT and SPOON both use the letter P to symbolize a 'p' sound, but in the word SPOON the corresponding sound is actually closer to 'b'. Indeed, beginning spellers make mistakes, like writing SBN, *because* they can hear such distinctions. Hence phonemic awareness largely develops as a *consequence* of being taught to read and write. Research shows that illiterate adults do not have phonemic awareness. In fact, brain imaging shows that learning to read 're-maps' phonology in the brain. We begin to hear words as sequences of 'phonemes' only *after* we learn to read.



## Dyslexia

Children who are at risk for dyslexia usually struggle with phonological awareness tasks. Impairments are found at all phonological levels (stress pattern, syllable, rhyme, phoneme). This appears to be because some aspects of auditory processing are less efficient in the dyslexic brain. Surprisingly, the auditory cues to the phonetic categories that underpin phonemes seem to be heard well by individuals with dyslexia. In fact, some research suggests that phonetic distinctions may be heard *too* well in dyslexia. Dyslexic children may continue to hear the extra possible divisions of phonetic continua that are discarded by most infants at around 12 months (see Chapter 3). Recent research also suggests that children with dyslexia have difficulty in hearing *prosodic* acoustic cues, for example the acoustic cues to *syllable stress* and *speech rhythm*. These acoustic difficulties are also found in children learning to speak languages like Chinese, which are not written alphabetically (hence phonemic knowledge is not required for reading). Chinese characters represent individual syllables. These broader acoustic difficulties with prosodic structure appear to impair the cognitive process of understanding speech when it is written down, irrespective of the visual symbolic code used by a particular language. Rather few written languages include marking of syllable stress (Greek and Spanish are two examples).

On the other hand, these acoustic difficulties may *manifest* differently in different languages. For example, there are big differences between children with dyslexia learning different alphabetic languages, such as Finnish versus English. A crucial factor is the *consistency* with which letters represent sounds (phonemes) in languages. Phonemes have a *variable* representation in English (e.g., cough, rough, through). In contrast, a language like Finnish has a very consistent spelling system. Consequently, Finnish dyslexic readers learn about phonemes slowly but efficiently, and can be very accurate (albeit slow) readers. English dyslexic readers will be both inaccurate and slow.



Nevertheless, dyslexic children in all languages so far studied are poor spellers. This is because most languages offer multiple choices when going from sound to spelling (e.g., the rhyme sound is spelled differently in 'hurt', 'Bert', and 'skirt'). Likewise, Chinese children with dyslexia are slow and effortful readers even though they do not have to develop phonemic knowledge at all. The auditory processing difficulties found in dyslexia do not seem to affect oral communication—dyslexic children speak and understand oral language very well. This is probably because the auditory difficulties in dyslexia are quite subtle, and speech carries many redundant cues to meaning.

## Learning about number

The second symbolic system that has had a profound effect on human cognitive development is the number system. Representing the real world and some of its physical relationships (waves, probability, force) in terms of numbers and equations has enabled us to manipulate those relations and design novel technological systems. Many of these novel systems, like the computer and the internet, now enhance cognitive development for a new generation. Just like learning to read, learning about number requires some years before fluency is acquired. Learning about number also requires direct and specialized teaching. Like reading, however, there are some key cognitive pre-requisites which will affect how well and how quickly children can learn numerical relations when they go to school. One of the most important is a good knowledge of the sequence of counting numbers (1, 2, 3, 4 . . . ). This is because the count sequence is the symbolic code for magnitude in an ordered scale, just as the alphabet is the symbolic code for spoken language.

The number system not only represents our knowledge about quantities and magnitudes, numbers represent *exact* quantities. While even babies can judge that a visual array of 16 dots is 'more' than a visual array of 8 dots, the number labels 'sixteen' and 'eight' tell us exactly how much more 16 is than 8. Once we have learned the count sequence, we can also decide where to fit a particular quantity in the overall range of possible quantities. We can also deduce that 16 is a larger number than 8, because it comes later in the sequence. By analogy, we can also deduce that 116 is a larger number than 108, and that 16,000 is a larger number than 8,000. We can also decide that '8 pebbles' is the 'same' as '8 giraffes' in magnitude, because in each case there is a set of 8 entities. The magnitude of each set is the same, even though these sets look very different perceptually.

Young children often acquire quite a long section of the count sequence by the age of around 3 years. However, research suggests that this is *not* the same as understanding what these labels mean mathematically. Nevertheless, repeated experience of counting in different contexts helps children to understand the *number principles* represented by counting. These include one-to-one correspondence (in the example above, there is one pebble for each giraffe), and the need to count each object in a set once and once only. Another principle is the need to count in a stable order, using the same oral sequence each time. If you forget a number word or miss it out, you will be wrong about total set size. Children gradually learn about these meanings of number words via practice and experience.

In Chapter 2, we saw that babies have an apparently innate 'sense' about number, based on an appreciation of both small numbers and of overall magnitudes. One psychological theory is that the brain has an 'analogue magnitude representation'. This is an internal continuum for judging quantity, whereby more brain cells are active for larger quantities. This analogue magnitude system is coupled with an internal system for identifying small numbers. The internal magnitude continuum is applied by babies and children (and animals) to all kinds of quantities, including size and weight as well as number, enabling good imprecise judgements about quantities. Although imprecise, these judgements are nevertheless useful for daily action. These judgements are theoretically made on the basis of the analogue magnitude representation. Thus children (and animals) can distinguish large quantities like 20 versus 40. This ability is *ratio-sensitive*. When sets differ by a great amount in their overall proportion (as in 20:40, where the ratio is 1:2, and as far as possible from 1), children and animals do very well in magnitude judgement tasks. When stimuli differ by a smaller amount (as in 20 versus 22, where the ratio is 10:11, i.e., close to 1) children and animals do very poorly in judging magnitude.

At the same time, children (and animals) can be very precise in making judgements about the magnitude of small numbers (essentially, this has been shown for the numbers 1, 2, and 3 only). It is thought that a perceptual system for *object individuation* (a visual ability to distinguish unique objects in the environment) underpins this relative accuracy with small number judgements. An example is the Mickey Mouse doll experiments discussed in

Chapter 2. However, making perceptual alterations to the display can affect the accuracy of this small number system quite dramatically in some circumstances. For example, if displays of 1 or 2 dots are used, and visual factors like the total filled area, the dot image size and item density are controlled, then babies can no longer distinguish 1 from 2.

Nevertheless, currently it is thought that the analogue magnitude system and the object individuation system are the two core brain systems that underpin the human ability to learn a number system. Regarding individual differences in number processing, researchers disagree over whether children with specific difficulties (*dyscalculia*) have an impaired analogue magnitude representation. No current theories of dyscalculia propose an impaired object individuation system. Even so, learning about number as a symbolic system requires cultural learning in school. Simplifying somewhat, we can say that just as we can all learn to speak, but not all of us can learn to read rapidly and efficiently, we can all recognize small and large numbers, but we do not all become highly skilled mathematicians.

Successful mathematical learning in school is facilitated when children have a good knowledge of number names and a good knowledge of the sequence in which they should be applied. These children seem to develop intuitive ideas about numbers that reinforce teaching received in school. Therefore, early learning of the count sequence, and experiencing its relationship to real world entities (counting as you go up the stairs, using counting in board games like *Snakes and Ladders*, counting as sweets are shared) provides social and cultural support for the development of a symbolic number system. Learning the 'language of counting' before schooling appears to given children an advantage when they begin to be taught arithmetic and mathematical operations.

# Chapter 6
# The learning brain

Across cultures, one goal of schooling is to transmit cultural inventions, such as reading, writing, and number. A second goal is to detach the logical abilities that we all possess from our personal knowledge. Personal experience is a very powerful determinant of how we apply logical reasoning in new situations. In fact, if they cannot verify for themselves that simple premises are true, *unschooled* adults will refuse to reason deductively about these premises. If given a deductive reasoning problem with premises like

> In the far north, where there is snow, all bears are white. Novaya Zemlya is in the far north and there is always snow there. What colour are the bears?

peasants who live in the flatlands will refuse to answer. They say that they cannot tell, and that the questioner should ask someone who lives there. Schooling helps children to detach logic from personal knowledge and solve such logical syllogisms. Schooling also helps children to recognize when to suppress their real-world knowledge of whether premises are plausible, so that they can reason on the basis of the information as given.

In essence, schooling helps children to become 'reflective learners'. During schooling, there are dramatic improvements in 'meta-cognitive' skills (awareness of one's own cognition). For example, via schooling older children learn how to overcome the different biases that impede successful reasoning, such as the 'confirmation bias', discussed later. They also learn strategies for maximizing the effectiveness of their memories. Similarly, there is rapid development in 'executive function' skills (self-monitoring and self-regulation). Executive function (EF) skills include gaining strategic control over your own mental processes, and being able to stop or 'inhibit' certain thoughts or actions. As EF skills develop, the child gains conscious control over her thoughts, feelings and behaviour.

At the same time, school provides powerful social learning experiences, not all of them happy ones. Whereas moral development and pro-social development are facilitated by being in school, so are insights into bullying and the effective control of others. Indeed, the social aspects of being at school involve children in emotionally powerful experiences. As well as supporting further socio-moral development, these experiences can be very memorable, and help to develop the 'autobiographical self'.



## 'Meta-cognitive' knowledge

Meta-cognitive behaviour is *self-reflective learning behaviour* and is very important for success at school. Meta-cognitive knowledge includes the ability to reflect on your own information-processing skills, the ability to monitor your own cognitive performance, and the ability to be aware of the demands made upon you by different kinds of cognitive tasks. Children with stronger meta-cognitive skills have an advantage at school. They can use their meta-cognitive skills to optimize their own learning. For example, they can consciously reflect on and adjust their memory and reasoning strategies.

In general, children are quite good at monitoring themselves as memorizers. For example, children can be aware of their strengths and weaknesses in remembering certain types of information. Some mnemonic strategies, like rehearsing information under one's breath, seem to come in fairly early developmentally. For example, one study compared 5-year-olds' and 7-year-olds' performance in remembering a set of pictures over a short delay. Only 10 per cent of the 5-year-olds spontaneously rehearsed the picture names to themselves during the delay period. In contrast, 60 per cent of the 7-year-olds used rehearsal. Further work has suggested that 5-year-olds are quite capable of using rehearsal, but that they often don't recognize that rehearsal could be helpful. As they get older, children learn that mnemonic strategies like rehearsal will improve their learning, and so they employ them more frequently.

Similar developmental effects are found for other mnemonic strategies. An example is meaning-based association. In one experiment, 4-year-olds and 6-year-olds were compared in a memory game that involved hiding toy figures (doctor, farmer, policeman) in little houses. The game was to retrieve the figures on demand. The houses had little picture signs on the doors, for example a *syringe*, a *tractor*, and a *police car*. The experimenters found that the 6-year-olds were more likely to use the signs to help their memory than the 4-year-olds. The older children would hide the doctor in the house with the syringe, and the policeman in the house with the police car. Again, the problem for the younger children seemed to be *realizing* that an associative strategy might benefit their memory performance. The 4-year-olds could recognize the associations between syringes and doctors, etc., they just didn't use them in the game.

One main feature that determines later memory development is children's growing understanding of how their memory works. Being able to monitor and regulate one's own memory behaviour enhances performance. Children develop knowledge about their own strengths and weaknesses and acquire knowledge about the demands made by different classroom tasks. They also develop knowledge about the different mnemonic strategies that they can use, and knowledge about the contents of their own memories. Further, children get better at *combining* a range of strategies. For example, in one study children aged 4–8 years saw videos of other children trying to remember ten events from their holidays by looking at a photo album. Some children labelled the pictures, others looked at them silently. The children watching had previously experienced the same task themselves. The researchers found that the children who gave mentalistic explanations for strategic behaviour ('it helped get them into my mind') were those most successful at remembering. Developments in memory ability tend to be characterized by *sudden insights* that a certain strategy might be helpful. Once the insight is achieved, children then continue to use a particular strategy, improving their subsequent memory performance.

Self-monitoring of personal success is also important. Researchers have used a range of measures to assess individual differences in self-monitoring by children. Children may be asked to make 'ease of learning' judgements, or to make judgements about their own learning, or to rate their 'feeling of knowing'. In one study, children aged from 6 to 12 years were asked remember both 'easy' and 'difficult' material (the easy material was remembering highly associated items like 'shoe-sock'). Only some children spent more study time on the harder items, and in general these were the older children. Although the younger children could tell the experimenters which items were easy versus difficult, they did not use this 'ease of learning' knowledge to change their strategic behaviour.

Other measures of meta-cognitive ability, like judging how well one has learned something, seem to differ less between younger and older children. In fact, both children and adults tend to be *over-optimistic* about their learning. Both children and adults rate themselves as likely to perform better than turns out to be the case. Younger children are less good at planning their learning behaviour, however. For example, they are less efficient at deciding which strategies fit a particular situation. Younger children also seem to have more difficulty in keeping track of the sources of their memories than older children. Currently, the view in the literature is that self-monitoring is relatively well-developed, even in young children. What develops is the self-regulation skills (EF skills) that enable a child to apply this knowledge to their *own learning behaviour*.

## 'Executive function' skills

Executive function abilities are processes that enable you to gain strategic control over your own mental processes. Executive functions encompass the ability strategically to inhibit certain thoughts or actions, the ability to develop conscious control over your thoughts, feelings and behaviour, and the ability to respond flexibly to change. All of these skills develop gradually in children, but there is a developmental spurt in executive function in the primary school years. Individual differences in the rate of development of EF skills are associated with general cognitive ability (non-verbal IQ), with language skills, and with 'working memory' skills (covered further later in this chapter).



In young children, EF abilities are typically measured by tasks like the ability to delay the gratification of a desire. For example, a child might have to wait to take a sweet that is visible underneath a glass until an experimenter rings a bell. EF abilities are also measured by 'conflict' tasks. In conflict tasks (referring to mental conflict), the easier (most *salient*) response is the wrong response. For example, the child might have to say 'day' to a picture of the moon, and 'night' to a picture of the sun. These tasks also measure 'inhibitory control'. Inhibitory control is the child's ability to inhibit the *incorrect* response in a particular situation, even if this response is the habitual response. Children with good inhibitory control can deliberately modulate their own emotional responses and can inhibit inappropriate actions. This improves their social experiences as well as their learning abilities.

EF abilities have important developmental links to success in school. For example, the ability to inhibit task-irrelevant information is important for effective classroom learning. Children with attentional disorders find it very difficult to exert inhibitory control. They tend to be impulsive and disruptive in class. Their inability to ignore irrelevant information also has a negative effect on their learning, even when they have high verbal and non-verbal abilities. Children with anti-social behaviour disorders also lack inhibitory control. Their lack of inhibitory control is often exacerbated by poor language skills. Poor language skills make the child less effective at controlling his or her thoughts, emotions, and actions via inner speech.

Another hallmark of EF is cognitive flexibility. Cognitive flexibility involves skills like shifting mentally backwards and forwards between different tasks, and holding multiple perspectives in mind. Holding multiple perspectives in mind also requires good 'working memory'. Planning is another important aspect of EF. For example, efficient planning and efficient inhibitory control must be combined for effective self-control. Experimenters have devised tasks to distinguish between inhibitory control, working memory, attentional flexibility etc., and there is now a large and fractionated literature. However, experiments tend to show that all these aspects of EF are developing *together*.



Performance in EF tasks also correlates highly with performance in the 'mental state' tasks discussed in Chapter 4 ('theory of mind'). This is not surprising. Executive function tasks measure what the child knows about her own mind. Theory of mind tasks measure what the child knows about somebody else's mind. When gender differences are found, girls outperform boys at all ages, possibly because language skills on average tend to be more advanced in girls.

## Meta-cognition and executive function in older children

As children get older, they develop increasing strategic control over their own behaviour, and this applies to their *cognitive* behaviour as well as their *social* behaviour. These developments are critical in order to benefit from schooling. In particular, studies show that children with poor inhibitory control suffer both socially and cognitively. Cognitively, strategic control over one's own mental processes supports efficient learning. Older children's ability to inhibit responses to irrelevant stimuli is usually measured while they are pursuing a cognitively represented goal (i.e., something held in mind), and not an immediate reward in the environment (like the 'sweet under a glass' task used with younger children). The 'irrelevant stimuli' in such experiments can be a range of both cognitive and social distractors.



There are all kinds of 'task irrelevant' information that can get in the way of efficient reasoning or efficient social behaviour. For example, real-world knowledge can impair the 'pure' application of reason. This applies to adults as well as to children. Similarly, a child's current desires or emotional states can affect reasoning abilities, and conflicting information (where the choice of what to suppress is not obvious) can make successful solutions more difficult to recognize. For older children, classic 'inhibitory control' tasks include rule-following tasks with rule switches (e.g, sorting a pack of cards on the basis of colour [hearts go with diamonds], and then on the basis of suit [hearts go with clubs]), and tasks involving arbitrary delays, such as not playing on a pinball machine until told to 'go'. Studies using such tasks suggest that individual differences between children in inhibitory control do not depend on age, gender or IQ. Rather, individual differences continue to depend on language development (verbal ability) and the development of 'working memory'. Working memory is important for managing conflicting *mental* representations efficiently—for example, in the card sort task.

More recently, the developmental psychology literature has made a distinction between 'cold' EF, and 'hot' EF. When the tasks used to measure performance are purely cognitive, such as a number learning task, then EF is said to be *cool*. When tasks involve emotional events, or events with emotionally significant consequences, EF is said to be *hot*. It is more difficult to exert inhibitory control in hot situations. Again, this is also true for adults. Decisions and judgements in emotionally significant situations are usually studied by tasks involving gambling, or computer games involving wins and losses. In general, 'hot' and 'cool' EF seem to develop in similar ways, but may be associated with different areas of the brain. In fact, work with adolescents suggests a *relative decline* in the ability to make judgements in more emotionally loaded situations compared to younger children. Recent research suggests that the adolescent brain undergoes considerable re-wiring, which has a temporary depressive effect on EF skills. Also, adolescents are more susceptible to the peer group. Hence for example, 'hot' EF situations of (apparent) social ostracism can produce very poor judgements by adolescents. Adolescents also tend to discount the future (they underestimate the effect that a current choice will have on their future choices).



## Working memory

'Working memory' is a working store of information that is held in mind for a brief period of time, in a 'mental workspace' where it can be manipulated. For example, 'verbal working memory' is the capacity to hold information verbally in mind, perhaps while seeking somewhere to write it down. There is also 'visuo-spatial working memory', the ability to hold information in the 'mind's eye'. One form of visuo-spatial working memory is to imagine an image of the information. Working memory is conceptualized as having a 'limited capacity'. Most people can only hold a certain amount of information in mind at a time. They might also lose the information out of working memory if they are distracted or interrupted. Working memory capacity increases with age throughout childhood, and with expertise, plateauing during the teenage years. It also shows large individual differences. Children with poor working memories will struggle to retain instructions, or to know where they are in a set piece of classroom work, frequently losing their place. Having a poor working memory can cause poor academic progress. The developmental causes of poor working memory are currently not well-understood. For example, individual differences in working memory seem unrelated to the quality of social and intellectual learning environments at home.

Verbal working memory has important developmental links to the concept of 'inner speech'. This is the 'voice in our heads' that we *intuitively* feel we are using when we consciously retain information (e.g., a telephone number) or manipulate it (e.g., plan a course of action). Vygotsky argued that an important aspect of language development was the internalization of speech at around the age of 3–4 years. This is when children typically stop commenting aloud on their behaviour. By Vygotsky's account, 'inner speech' then becomes fundamental in organizing the child's cognitive activities and governing the child's behaviour (see Chapter 7).



## Improving reasoning skills

The development of both inhibitory control and working memory also has important effects on the development of reasoning abilities. For example, older children are better at complex inductive reasoning tasks such as analogies than younger children. To solve complex analogies, children have to hold a number of premises simultaneously in working memory. They need to integrate the important relations while simultaneously *inhibiting* irrelevant information. Older children perform better than younger children because they have better inhibitory control and better working memories. Indeed, for deductive reasoning, older children can outperform elderly adults. One example is the solution of 'conflict' syllogisms. In conflict syllogisms real-world knowledge and logic are in conflict. An example is 'All mammals can walk. Whales are mammals. Therefore, whales can walk'. A non-conflict syllogism might be 'All mammals can walk. Apes are mammals. Therefore, apes can walk'. The conclusion that 'whales can walk' is an accurate logical deduction given the premises. The fact that whales cannot walk in real life has to be inhibited to reach the correct solution. Research shows that both younger children and elderly adults perform more poorly with these kinds of syllogism than older children. The younger children are poorer at inhibiting their real-world knowledge, and the elderly adults are suffering an age-related decline in inhibitory control.

Of course, irrelevant background knowledge can only be inhibited successfully if it is known in the first place. This means that younger children, who may lack some kinds of background knowledge, may perform *more* successfully in certain deductive reasoning tasks. Six-year-olds indeed outperform adults in statistical 'base rate' problems, where social stereotype information tends to impede reasoning ability. In one experiment, participants were told that a sample of 30 girls contained 10 girls trying to be cheerleaders, and 20 girls trying out for the school band. They were then asked whether a 'popular and pretty girl who loved people' was more likely to be trying out as a cheerleader or a band member. The correct answer (a band member) was given significantly more often by the children compared to the adults. The 6-year-olds lacked social stereotype knowledge about cheerleaders, and so it did not affect their probability judgements.



## From novice to expert

In general, schooling is a time when children move from being *novices*, with little knowledge of the world beyond their personal experience, to relative *experts*. Acquiring more knowledge is the developmental driver of expertise. Indeed, experts organize their memories in different ways to novices. Experiments with child prodigies, for example in chess, demonstrate that expertise does not simply accompany age. The young chess master has played many games already, and her accumulated knowledge about chess enables her to out-play grown-ups. Experiments on expertise show that depth of prior knowledge has a significant effect on how *new information* is encoded and stored. Expertise also improves the efficiency of recall. Indeed, studies of child 'soccer experts' suggest that having knowledge—lots of expertise—is more important than general cognitive ability for memory performance. So the saying 'practice makes perfect' captures something important about how knowledge develops.

## Scientific reasoning and hypothesis-testing



Scientific reasoning has traditionally been assumed too difficult for young children. Yet children as young as 6 years of age are able to understand the goal of *testing a hypothesis*. They can also distinguish between conclusive and inconclusive tests of that hypothesis in simplified circumstances. For example, in one experiment children aged 6 and 8 years were told a story about two brothers who thought that they had a mouse living in their house. One brother believed this mouse was a 'big daddy mouse'. The other brother believed it was a 'little baby mouse'. To test their theory, the brothers were planning to leave a box baited with cheese out at night. The children were shown two boxes, one with a large opening, and one with a small opening. They were asked which box the brothers should use to decide who was right. The majority of the children reasoned that the brothers should use the box with the *small* opening. If the cheese was gone the next day, then the mouse was small. If it was still there, then the mouse must be big.

Children (and adults) find hypothesis-testing more difficult when there are multiple competing causal variables in a situation. Hypothesis-testing is also more difficult when pre-existing knowledge gets in the way of designing a pure test. While children's basic causal intuitions are usually sound, the need to co-ordinate multiple kinds of evidence to differentiate between different theories develops relatively slowly. For example, in one study children aged 11 and 14 years were unable to identify which kinds of food at a particular boarding school were causing some of the children at the school to get colds. As causal evidence, the 11- and 14-year-old participants were shown pictures of foods (like apples, chipped potatoes, Granola, and coca-cola). These foods co-varied systematically with whether children at the school (shown in pictures next to the foods) had colds. Despite the systematic co-variance information, only 30 per cent of the 11-year-olds and 50 per cent of the 14-year-olds could identify the critical foods. Many of the errors involved attributing a causal role to a food that only co-varied with a child having a cold on a single occasion ('inclusion errors').

Part of the reason for these systematic inclusion errors appeared to be pre-existing causal knowledge. In the foods study, children may have had strong prior beliefs about which kinds of foods were healthy. This prior knowledge may have interfered with identifying the foods that systematically co-varied with getting a cold (one of which was apples, usually considered healthy, see Figure 7). There is also a strong 'confirmation bias' in human reasoning, found at all ages—we tend to seek out causal evidence that is *consistent with our prior beliefs*. This is a major source of inferential error in fields as disparate as science, economics, and the law, as well as in classroom scientific reasoning.

Like memory skills, reasoning skills also improve as children become aware of how their reasoning processes work and can reflect on them strategically. For example, learning that there might be multiple causal factors determining a particular outcome enables children to devise better ways of testing hypotheses. Most causal reasoning situations in real life are multidimensional, and so are most scientific problems. In order to identify likely

**7. Measuring causal reasoning abilities in children**

outcomes, we cannot reason about causes and effects in isolation of each other. As children get older, they get better at inter-relating different causal dimensions, and in handling more dimensions. This is partly governed by increased capacity in working memory. Children also get better at overcoming the 'confirmation bias'.

Further, *direct teaching* of scientific reasoning skills helps children to reason logically independently of their pre-existing beliefs. This is more difficult than it sounds, as pre-existing beliefs exert strong effects. Of course, in many social situations we are advantaged if we reason on the basis of our pre-existing beliefs. This is one reason that stereotypes form, which as we have seen play a key role in socio-moral reasoning (e.g., via 'ingroups' and 'outgroups', see Chapter 4).

## Extending moral development



The powerful opportunities for social learning offered by communities like schools means that important changes in moral reasoning also occur during the later years of schooling. We saw in Chapter 4 that even very young children can differentiate between morality (not deliberately inflicting harm or injustice) and social convention (context-dependent rules, such as wearing school uniform). At the same time, younger children find it difficult to make moral judgements when they have to keep conflicting information in mind. An example might be when the needs of more than one person are at stake. As growing EF, working memory, and meta-cognitive abilities enhance the child's capacity to handle complexity, children's moral thinking becomes more nuanced and complex.

One interesting example is 'bystander behaviour'. For example, one set of experiments explored children's moral intuitions about what they should do if they saw someone unwittingly drop some money. Younger children studied (8-year-olds) thought that keeping the money for oneself was wrong. Thirteen-year-olds were quite likely to argue that they should be allowed to keep the money. In contrast, 16-year-olds agreed with the 8-year-olds that keeping the money oneself was wrong. Questioning revealed that the 13-year-olds reasoned that the money would be lost to the owner even if the owner had not observed its loss, and therefore it was okay to keep it. The 16-year-olds recognized that the very act of observing its loss obligated them to return the money to its owner. The 8-year-olds simply reasoned that the money was the property of its owner, and therefore should be returned. Interestingly, all the age groups studied were *equally* likely to return the money when told that the person dropping it was disabled.

Social conventions vary with culture, and children's reasoning about social conventions in their own culture reflects their growing understanding of social organization and its underlying social drivers. Whereas younger children (10-year-olds) assume that people in charge make up the rules, adolescents recognize that the rules per se are arbitrary. However, while younger adolescents (13-year-olds) conceptualize social rules as the dictates of authority, older adolescents (16 years and older) understand that social conventions have meaning within a broader social framework. Social conventions are seen as upholding a *social system* of fixed roles and obligations. Again, there are cultural variations, with children growing up in more traditional cultures being less likely to view social conventions as open to change. As with logical reasoning, however, a primary factor in development is the ability to *reflect* on one's knowledge and understanding to gain deeper insights.

For some aspects of social convention, this reflection leads to the recognition of inconsistencies. For example, social conventions about gender norms (which vary widely across cultures) may conflict with moral concerns about what is fair or just. There is also some research suggesting that females are more likely to develop a 'morality of care', in which people's needs are prioritized.

Males are more likely to develop a 'morality of justice', based on fairness. Large meta-analyses suggest, however, that the genders are far more similar than different in their moral development.

It has also been argued that children's *own experiences* essentially provide the raw data for moral reflection. For example, the emotional experience of being the target of an undeserved physical attack, a target of theft, or a target of name-calling, might yield an understanding of what it means to be unfairly victimized. Deeper understanding is also in some sense a double-edged sword, as it can increase children's sensitivity to the hurtful comments or behaviours of others. Deeper understanding may even help some children to become more effective bullies. Such children will use their understanding of group dynamics to strategically upgrade or derogate particular peers in ways that increase their own social standing. In some studies, bullies have been shown to have superior perspective-taking skills and executive function abilities than other children. On the other hand, superior understanding can also be used to protect the self and avoid unfair victimization happening to you.



Finally, another interesting developmental change during the later years of school concerns children's growing sense of the *private aspects* of their own lives. Older children increasingly realize that matters of preference and choice, such as who their friends are, what music they like and what clothes they wear, are not matters of 'right' and 'wrong'. Hence they seek to establish greater control over such aspects of their personal domain as they get older. Gaining more control over such personal decisions appears to help to develop a sense of *autonomy* and *personal identity*. Of course, these are also issues that can lead to strong conflicts with parents or authority figures ('You can't go out dressed like that!'). Nevertheless, children and adolescents across cultures, including more traditional or collectivist cultures, defend their chosen personal domain issues with great vigour. This *cross-cultural similarity* suggests that defending one's personal domain is developmentally important for wider aspects of social-cognitive development. Examples include developing a sense of individuality, autonomy, and rights.

In parallel to the research on 'hot' and 'cold' EF skills, research into moral development has also focused on the unconscious role of emotions on moral judgements. It has been argued that people will *act first*, on the basis of their emotional response to a situation. They will then use reasoning to justify their actions. Developmentally, this post-hoc reasoning may be one mechanism whereby children gain deeper moral understanding. Research suggests that even young children consider issues of social convention (such as school uniform) to involve 'cool' affect on the part of those involved. They also consider issues of morality (such as intentional harm to another) to be 'hot' with emotional content. As moral and conventional reasoning become more nuanced, the important factors developmentally appear to be the same as the factors governing the development of reasoning abilities in general—working memory skills, executive function, meta-cognitive skills, and inhibitory control. Taken together, these are the main areas in which age-related changes are found in the later school years. Impairments in these areas will affect both cognitive and socio-moral development.

# Chapter 7
# Theories and neurobiology of development

Theories are explanatory systems for making a coherent story out of experimental data. Theories are useful for deepening our understanding of why children develop as they do. Theories are also useful for generating new predictions about child development that can be tested with experiments. Classically, theories of child development were based on *observations* of how children behaved at different ages. Two classic theories will be examined in this chapter, those of Piaget, who focused on the development of logical thinking, and Vygotsky, who focused on the influence of culture and language on child development.

Meanwhile, recent advances in neurobiology, particularly in genetics and brain imaging, are transforming classical child psychology. We have already seen examples in earlier chapters. For example, Piaget's proposal that 10-month-olds do not understand that hidden objects continue to exist has been questioned by EEG experiments with 3-month-olds (see Chapter 2). The EEG technique revealed different brain responses to *expected* versus *unexpected* disappearance, even though in both situations infants were looking at an empty location. Modern genetics is revealing the many biological influences on the *differences* between children. Although the environment will always exert an effect on child development, deeper understanding of gene-environment interactions is likely to impact classical developmental theories.

An example is the D4 receptor gene, which is linked to the development of inhibitory control. This gene moderates the effects of positive and negative parenting on children's self-regulation. Illustrative examples of recent work in neurobiology will be selected, and used to evaluate where the field of child development is likely to go in the 21st century.

## Piaget's theory: the development of logical thinking



Piaget (1896–1980) was a biologist by training, and spent his first years as a researcher studying molluscs. He was very interested in how biological organisms adapt themselves to their environments. For the rest of his career, he applied this experimental approach to studying the origins of human knowledge. Beginning with ingenious observation of his own three children, Piaget developed a comprehensive theory of how logical thought emerged and changed with development. A key assumption was that infants were born with limited mental structures which were then adapted to the environment on the basis of experience. Each set of adaptations to the environment brought a partial *equilibrium*, but then new environmental features were observed which did not fit these structures. Hence knowledge evolved accordingly, continually adapting to features of objects and events until adult mental structures were achieved. Piaget proposed that children's knowledge structures passed through a series of stages which caused children to think and reason in particular ways at different ages.

*The sensory-motor period: 0–2 years.* Piaget's term for knowledge structures was *schemes*, and different stages of development were characterized by different schemes. During infancy and toddlerhood, thinking was limited to *sensory-motor* schemes. Schemes are organized patterns of behaviour for interacting with the environment. The baby was dependent on looking, listening, touching, and tasting to acquire knowledge, and on motor responses like grasping and sucking. These behaviours created rudimentary schemes, which then became co-ordinated, so that for example an object was grasped and then taken to the mouth. In this way, higher-order behaviour emerged from the gradual organization of simple reflexes, enabling *intentional* action. For example, an older baby might drop an object repeatedly in order to observe its trajectory.

Gradually the baby became able to *anticipate* the consequences of certain actions. For Piaget, this behaviour was evidence that the baby was beginning to *internalize* different sensory-motor schemes. The infant was conceived as actively *constructing* knowledge on the basis of interaction with the world. Piaget's theory that the child actively acquires knowledge has been very influential in education. This internalization of knowledge about actions and their consequences marked the beginning of conceptual thought: *cognitive representations*, independent of perception and action. Yet during the period 1970–2000, many psychology experiments were published showing that infants seemed to have cognitive representations for objects much earlier than Piaget had proposed. More recently, with the growth of 'embodiment' theories in adult cognitive psychology, the fundamental importance of sensory-motor knowledge is being recognized. Perceptual and motor knowledge are part of our conceptual knowledge, even in adulthood. So Piaget's focus on a 'logic of action' seems actually quite visionary.



*The pre-operational period: 2–7 years*. The mental structures that emerged from sensory-motor thought were described as 'pre-operational', as they were only capable of partial logic. A complete understanding of the logical concepts that govern the behaviour of objects and their logical relationships required further development. During the *pre-operational period*, children were busy using different symbolic forms (words, mental images) to change their action-based sensory-motor concepts into more highly organized mental structures. However, their efforts were impeded by various characteristics of pre-operational reasoning that prevented the development of a fully integrated system of mental structures. Chief among these characteristics were *egocentrism, centration*, and *reversibility*. Pre-operational children were *egocentric* in their thinking, perceiving, and interpreting of the world in terms of the self. They tended to *centre* their thinking on one aspect of a problem or situation, ignoring other aspects. Finally, they were poor at *reversing* mental steps (e.g., in a reasoning sequence) in order to arrive at a comprehensive understanding of a given problem.

The chief logical operations ('concrete operations') studied by Piaget were *conservation, transitivity, seriation*, and *class inclusion* (see Figure 8). The simple tasks that he invented to study these operations have now been repeated hundreds of times by child psychologists. For example, *conservation* refers to the understanding that objects like counters do not change in quantity when their perceptual arrangement is altered. Piaget argued that non-conserving responses were evidence for lack of understanding of the *principle of invariance*, that quantity is unchanging over perceptual transformations. The principle of invariance is a foundation of our number system and gives stability to the world of objects (see Chapter 5). Non-conserving responses arose because children might centre their attention on the *length* of the row of counters, neglecting other perceptual cues like 1:1 correspondence.

The pre-operational tendencies to egocentrism, centration, and lack of reversibility caused *disequilibrium* in children's internal mental structures. In addition, pragmatic aspects of conservation tasks, such as an apparently important adult altering one array and then repeating the same question about quantity, may suggest to younger children that they need to change their answer. If a 'Naughty Teddy' spreads out the row of counters instead, young children are less likely to change their answer. Indeed, more recent experimental work on the different concrete operations

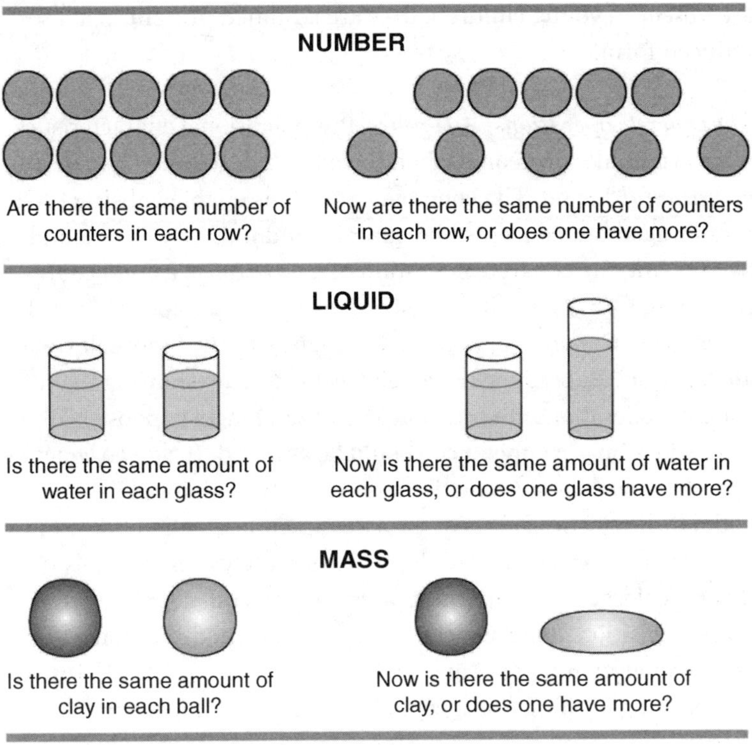


**8. Some examples of Piagetian Conservation Tasks**



suggests that much non-logical responding depends on *aspects of task set-up*, both linguistic and non-linguistic.

More recent experiments suggest that logical abilities per se do not seem to be inferior in younger children. Rather, younger children lack the meta-cognitive and EF skills required to utilize logic effectively in various scenarios. Indeed, Piaget's theoretical observations about egocentrism, attentional focus (centring), and perspective-taking are really quite similar to current psychological notions about inhibitory control and attentional flexibility. Where the modern literature diverges from Piaget is in assuming a 'rich' interpretation of emergent logical skills. Rather than assuming that the logical structures required for successful reasoning are *absent* in young children, they are assumed present in a reduced form.

*The concrete operations: 7–11 years.* Pre-operational characteristics were eventually overcome when the child entered the *concrete operational* period. The concrete operations enabled abstract reasoning about concepts like quantity and number. For example, by applying the concrete operation of *transitivity*, a child could reason that 9 > 7 > 5 without having to count out blocks to check the answer. Concrete operational thought was thus more flexible and abstract. Subsequent research has focused on showing that the concrete operations are present earlier than Piaget supposed. Yet a key issue is how 'competence' should be assessed. If a given concrete operation, such as conservation, is heavily dependent on linguistic and non-linguistic aspects of the assessment tasks, then how can we decide when conservation abilities are definitely present? This theoretical issue has important practical consequences for early years' education. Some educators believe that children should not be taught certain types of material until they are cognitively 'ready'. Yet teaching itself can push cognitive development forwards. Piaget's theory was more about the sequence in which knowledge develops, not about the particular *ages* at which different mental structures appear.

*The formal operations: 11 years–adulthood.* Piaget identified adult-like thought as the ability to *mentally combine* the different concrete operations. Piaget described this as 'second-order reasoning'. Adults and adolescents could mentally apply elementary relations like *transitivity* to objects and their relations. They could also combine (say) transitivity with 1:1 correspondence, forming new mental structures such as analogies. Piaget's formal operations were similar to propositional logic, a set of mathematical relations that governed hypothesis and deduction. Formal operational thought was thus *scientific* thought. Indeed, many of Piaget's tasks for exploring the development of formal operations involved hypothetico-deductive reasoning. One example is determining in advance whether a given object will float or sink if it is dropped into water.

Variability in performance in formal operational tasks seems to depend on the same factors as for the concrete operations. Younger children are usually hampered by lacking relevant knowledge, by having lower working memory capacity, by being weaker at inhibiting competing or irrelevant information, and by being poorer at reflecting on their own cognitive activities. Yet while a *mental transition* to formal operations in adolescence has not been supported, Piaget's focus on the 'logic of thought', with mental structures mirroring mathematical structures, could again be argued to be visionary. Most current advances in cognitive neuroscience depend on the development of sophisticated algorithms showing how knowledge structures can be created from the simple on–off responses of individual brain cells. This develops Piaget's view that cognitive structures should mirror mathematical structures.

## Vygotsky's theory: the important roles of culture and language

Although Vygotsky (1896–1934) died young and did not generate a large body of experimental research, his ideas about children's cognitive development have been very influential. Vygotsky focused on the key roles of *social experiences* and *culture* in the development of the mind. While Piaget's focus was on the individual child generating her mind by herself, via action, Vygotsky argued that experiences *with other minds* shaped psychological development. These experiences included not only social interaction but also interactions with culturally produced artefacts for transmitting knowledge, such as signs and symbols (e.g., words, maps, counting systems, diagrams, works of art). The most important symbolic system was human language. In Vygotsky's theory, language was a *tool* that shaped cognitive development, guiding both thought and action. When young children merged speech and action, developing *inner speech*, language became the tool for organizing inner mental life. Indeed, as adults we intuitively feel that we 'think' using inner speech.

The importance of social context for cognitive development has been noted in previous chapters. For example, learning is optimal during episodes of joint attention (Chapter 2), and family discussions about psychological states provide an important context for socio-moral development (Chapter 4). Vygotsky was the first theorist to attempt to define *explicitly* how social, cultural, and historical forces shaped child development. His insights have had a particularly strong influence in educational psychology. Indeed, Vygotsky developed his theoretical ideas after being given responsibility for the education of 'pedagogically neglected' children (for example, children with learning difficulties). In his quest to develop teaching methods suited to all learners, Vygotsky articulated a number of important theoretical constructs relevant to psychological development. One was the concept of inner speech, which enabled the child to create a mental 'time field' of past activities and potential future actions. Another was the *zone of proximal development*, which was seen as critical for effective teaching.



*The zone of proximal development (ZPD).* Piaget had conceptualized children's thinking as unfolding according to its own timetable. Vygotsky emphasized the importance of *teachers* in extending the potential of the child. While (for example) an 8-year-old child might be capable of solving mathematical problems at an 8-year-old ability level when unaided, the same child might be capable of solving mathematical problems at a 10-year-old ability level when guided by a teacher. This difference between the developmental level for *individual* problem solving and the level of problem solving that the child was capable of with help was the zone of proximal development (ZPD). Rather than match teaching to a child's *current* developmental level, Vygotsky argued that it was crucial to match teaching to the ZPD. Children's innate potential should be discovered and 'taught to' for maximal educational benefit.

Vygotsky also recognized the crucial importance of play for child development. He argued that creating imaginary situations within which children could come to understand the adult world was a vital part of child psychology. As we saw in Chapter 4 with the fire engine game, during imaginary play children create and follow rules, the 'rules of the game'. Their strong desire to stick to these rules helps in the development of self-regulation (executive function) skills. Similarly, the *symbolic* functions of play, where a piece of wood can become a doll or a horse, enables the child to detach meaning from the real-world status of objects, and to operate purely in the imaginary (= symbolic) realm. Vygotsky argued that during play children were always operating in the realm of the ZPD. Thus in play, children were developing abstract thought. They were not being governed by perceptual and situational constraints. Vygotsky argued that teachers should capitalize on the importance of play by *deliberately* creating play situations for instruction. When a child learns something via active participation in play, then translation to individual understanding follows.

Vygotsky did not himself have the opportunity to test his theoretical ideas about children's psychological development with experiments. Nevertheless, the importance of learning via play, the importance of language development for further cognitive development, and the importance of the cultural and social contexts within which learning takes place, are themes recognizable in the research already discussed in earlier chapters. At the same time, some Russian psychologists have argued that Western psychology has misunderstood some of Vygotsky's key claims. For example, although Vygotsky emphasized the importance of the social context of learning, he also believed that teachers should *teach children directly* the knowledge that humanity has acquired over the course of socio-cultural evolution (such as mathematical knowledge). Vygotsky did not argue that each child had to discover this knowledge for themselves, via action and play. Rather, a symbol system like language could be used for direct transmission of such knowledge, via teaching.

## Neuroconstructivism: a new theoretical model

As noted earlier, new insights from genetics and brain imaging are revealing various *biological constraints* on child development. Neuroconstructivism recognizes that biology will impact child development, and attempts to provide a systematic framework for understanding how this will occur. Severe genetic effects, such as hereditary deafness, are easy to recognize. In such cases, it is obvious that *accommodations* must be made to support child development (for example, teaching via sign language). However, most genes have small effects, many of which are not well-understood. These small effects nevertheless impact brain development and the development of the systems of brain cells (usually described by their location, for example 'auditory cortex' or 'frontal cortex') that underpin learning from the environment. Brain cells (neurons) exchange information via electrical signals. These low-voltage signals pass from neuron to neuron via special junctions called synapses.

Neuroconstructivism considers the action of *cellular changes* such as the release of neurotransmitters on psychological development (chemicals that affect how we think and feel by acting on the synapse). It considers the impact of *connections* within the brain, for example which brain systems interact directly (e.g., visual and auditory cortices, where the cell networks are only a few synapses apart) and which interact at a distance (e.g., visual sensory information acting on the attentional system, which requires neural transmission over more synaptic junctions). The broad framework of neuroconstructivism is shown in Box 1. It is clear that all the constraints shown in Box 1 will affect brain development and hence the development of mental representations (cognitive development). At the same time, very little research is available to provide examples of *how* each

**Box 1 Biological constraints in neuroconstructivism**

| Constraint | Example |
|---|---|
| Genes | Gene expression is affected by the environment. |
| Encellment | The environment provided by other cells constrains neuronal development. |
| Enbrainment | The connections between brain regions constrain the functions of neurons. |
| Embodiment | The brain is inside the body, and the body exists in a particular physical and social environment which constrains development. |
| Ensocialment | The neural representations that develop are constrained by the social and physical environment. |
| Interactions between constraints | These constraints interact to shape the neural structures that underpin a child's development. |



constraint affects child development. Therefore, rather than seek examples of how neural structures and neural networks are affected by constraints like *gene expression*, we will instead consider here what is known in general about the impacts of genetics and neuronal function on children's development.

## Child development and genetics

One gene on its own can never determine the developmental trajectory of an individual child. Therefore, when considering the effects of genetics on children's development, it is important to emphasize that genes are *not deterministic*. The environment experienced by the infant and child will have a far bigger impact on psychological development than genes. At the same time, infants are not born all the same. Even siblings do not have exactly the same abilities and potential, even though they get their genes from the same parents. Innate aptitudes will differ. Some infants may become gifted musicians. Nevertheless, no matter how excellent the environment, not every child will make a great musician. On the other hand, we can certainly say that if a child receives no (or very poor) musical tuition, then that child is extremely *unlikely* to become a good musician.

The fact that genes influence development actually means that we should try and provide optimal early learning environments *for all children*, irrespective of their innate aptitudes. Individual differences will then emerge because of genetic differences. If some children experience very impoverished early learning environments, while others do not, individual differences between children will be much greater. Impairments in development due to a poor environment will be added to genetic differences. Revealing the genetic contribution to a particular skill or ability does not mean that nothing can be done to influence the *development* of that skill or ability.



Indeed, one interesting claim made by modern genetics is that many genes are 'generalists'. These genes have *general* effects on child development. The same genes can affect a large and diverse range of cognitive abilities. Very few genes act in isolation. While a single gene might determine something like eye colour, in practice most of us carry different variants of different genes that *together* make us more or less 'at risk' for a particular outcome (like becoming a gifted musician, or becoming dyslexic). At the same time, genetic inheritance acts alongside *character traits* such as motivation, and *environmental influences* such as quality of teaching and quality of nutrition. Further, quite specific environmental influences will apply to each of the cognitive abilities affected by the generalist genes. So if all of these trait-based and environmental influences are optimal, then the effects of the genes that carry risk will be minimized. So (for example), if a child who carries many of the risk variants for dyslexia is highly motivated to read, experiences an excellent early spoken language environment, and then receives excellent reading tuition from the first day of learning, that child may not develop significantly poorer reading skills than other children.

*Example: DRD4—a gene for executive function?* To illustrate the potential of genetic information in understanding child development, the example of a gene that helps to regulate the transmission of the neurotransmitter *dopamine* will be used. In general, when dopamine is released in the brain, we feel good. Dopamine is involved in reward and punishment. But dopamine is also involved in many other brain functions, for example cognitive flexibility. The dopamine D4 receptor gene, labelled DRD4 in the literature, has been studied in some detail because dopamine seems to be one of the primary neurotransmitters involved when someone deliberately focuses their attention. Therefore, when this neurotransmitter is not released effectively, it might be more difficult to focus attention—and to exert *executive control*.



We saw in Chapters 5 and 6 that executive functions are important for cognitive and socio-emotional development, and that individual differences in the development of EF skills are partly due to differences in parenting, language development, and working memory. Another source of individual differences in children's EF skills appears to be the DRD4 gene. In fact, one way in which this relationship works is that carrying a particular variant of the DRD4 gene called the 7-repeat allele seems to cause worse outcomes for children who experience poor parenting. The 7-repeat allele *decreases* dopaminergic signalling. This seems to disrupt the effects of reward and punishment on learning. For example, child carriers of the 7-repeat allele showed a stronger association between poor parenting at 10 months and anti-social behaviour at 39 months. 'Negative' parenting (see Chapter 4—excessively punitive, critical, and harsh) resulted in carriers of the 7-repeat allele showing higher levels of anti-social behaviour. In another study, children carrying the 7-repeat allele who had experienced poor parenting showed significantly lower self-regulation. A further study showed that positive parenting had a greater effect on the development of inhibitory control when the child did *not* carry the 7-repeat allele. This is evidence of a 'gene–environment interaction'. Carrying the 7-repeat allele interacts with the parenting environment in partially determining the development of EF skills in early childhood. So carrying this genetic variant creates developmental risk or vulnerability to developing poorer self-control in certain circumstances.

*Other developmental impacts of DRD4.* At the same time, it should be emphasized that the DRD4 gene has many other effects. One interesting one with respect to child development comes from a quite different area of development, the acquisition of reading. As the cognitive skills involved in reading development are relatively well-understood (see Chapter 5), many educators are developing computer software games to teach the component skills of reading. One Dutch study developed a computerized game for learning to read based on the most up-to-date research, and trialled it in a series of schools, selecting children who were struggling learners. Surprisingly, the game proved highly effective for some children, and not very effective for other children. One factor that determined who benefited from the game was the DRD4 gene. Children who carried the 7-repeat allele showed *reduced* learning of reading skills from the computer game. The reason seemed to be poor focusing of attention during the game, which reduced effective learning of the component skills.

This example highlights the 'generalist genes' perspective. It shows that genes will confer both positive and negative effects on child development, acting across many different domains. The actual influence of an individual gene will always be dependent on many other environmental and temperament-related factors. Nevertheless, a deeper understanding of how genes affect development will enable more individually targeted interventions. Presumably a different kind of intervention is needed to support reading for those struggling learners who carry the 7-repeat allele. As the genetic literature develops, individual targeting of environmental support for learning should become more and more refined.

## Cognitive neuroscience and child development

Novel methods for creating images of the working brain have led to rapid increases in our understanding of the neurobiological mechanisms that underpin learning. Eventually, these insights seem likely to have transformational effects on the academic discipline of child psychology. For example, accurate information concerning *how* a child's brain actually develops a mental lexicon of word forms should shed light on theoretical controversies such as whether humans have an innate 'language acquisition device' (see Chapter 3).

Deeper understanding of the biological *mechanisms* of learning seems likely to be particularly important. For example, understanding the role of oscillatory neuronal processes in speech comprehension (the role played by the rhythmic on–off signalling of large networks of brain cells) may help to identify which 2-year-old children who are not yet speaking are at risk for a developmental language impairment (see Chapter 3). This is because we know from adult studies that natural fluctuations in brain rhythms (caused by cells sending electrical pulses and then recovering, hence fluctuating or oscillating continually from an 'on' state to an 'off' state) are one mechanism for encoding information. Natural oscillations in auditory cortex occur at some of the same temporal rates as loudness patterns in speech (e.g., as the jaw opens and shuts). To encode speech, the adult brain *re-aligns* these intrinsic neuronal fluctuations to match the same fluctuations in speech—so that the peaks and troughs in the electrical signalling approximately match the peaks and troughs in loudness as someone is speaking. Therefore, it is plausible that disruption in the *efficiency* of oscillatory processes may cause disruptions in language acquisition. Here I will just give two examples of questions in neurobiology that seem likely to be important for understanding child psychology.

1. *Do infant neural structures and mechanisms mirror adult neural structures and mechanisms?* One key question is whether the infant's brain has essentially the same structures (localized neural networks) as the adult brain, and whether these structures are carrying out essentially the same functions via the same mechanisms. If this were to be the case, then development would consist largely of enriching the connections between structures and (perhaps) developing novel pathways or functions via experience. This neural enrichment would depend on the quality of the learning environment.



The answer seems to be that the neural structures are essentially the same, and so are the neural mechanisms. For example, French researchers have used fMRI (which measures blood flow) to show that infants listening to speech while asleep activate the same brain areas that adults use for speech processing (left hemisphere structures such as 'Broca's area'). By direct recording of electrical signalling in the infant brain (electrophysiology, EEG, and magnetoencephalography, MEG), German researchers have shown that neuronal 'oscillatory alignment' to amplitude (loudness) modulations in sound signals, one of the mechanisms used by adults for speech processing, is present in 1-month-old and 3-month-old babies. The infant brain seems to use the same structures for processing language as the adult brain, and the same mechanisms. Other data for similarity in structure and function between adult and infant brains come from studies of face processing, mirror neurons, and working memory.

2. *Can cognitive neuroscience disentangle cause and effect in development?* A second question is how to disentangle the *causes* of development from the *effects* of development on brain structure and function. Most studies in developmental cognitive neuroscience are at present correlational. For example, a large number of studies with children of different ages show a significant association between the development of frontal cortex and the development of aspects of executive function such as inhibitory control. However, identifying which comes first (better inhibitory control, or more neural connections) has proved difficult. As with behavioural research, the key in going beyond correlations is to carry out *longitudinal studies*. The same children need to be followed for a long period of time, so that neural changes and cognitive developments can be understood in sequence.



An example of the kind of methodology needed comes from brain imaging studies of early literacy acquisition. The brain did not evolve for reading, and so as children learn to read, existing neural structures and functions are adapted to the task. Brain areas such as visual cortex (letter recognition), auditory cortex (spoken word recognition), cross-modal areas (linking print to sound), and motor areas (reading aloud) all develop interconnections that eventually comprise a neural system for reading. In one longitudinal study, 5-year-old English-speaking children were studied right at the beginning of letter-learning. When these children were first shown different alphabet letters, brain imaging (fMRI) revealed significant activation in visual cortex (the 'fusiform area'). This was unsurprising, as the children were *looking* at the letters. The children then experienced multisensory teaching about letters. They learned to recognize the letters in story books, to write the letters, to trace over the letter shapes with their fingers, and so on. Following this tuition, the children's brains were imaged a second time while they were looking at letters. This time, in addition to significant activation in visual cortex, the researchers found significant activation in *motor cortex* (the ventral premotor area). Hence although the children were not using their fingers or writing the letters, the *motor* (action) parts of the brain also responded to the *visual* letter forms. Studies such as this suggest that multisensory learning helps children in part because it causes multiple sensory recordings of the information—recordings which were not there prior to this direct teaching.

## Looking to the future

Further neurobiological insights will clearly enrich our understanding of child psychology. Nevertheless, it is worth stressing that information from neuroscience will never *replace* the importance of understanding at the psychological level. The easiest and most effective way to affect a child's development is by providing the best possible learning environments in all aspects of the child's life—in the home and family, at nursery, at school, and in wider culture and society. So while knowledge that, for example, the development of frontal cortex is associated with the development of better self-regulation skills is important, the best way to *support the development* of frontal cortex is environmental. Children who are given opportunities for practising self-regulation, for example via spontaneous and guided pretend play, seem likely to develop a more adult-like frontal cortex faster than children who lack such opportunities. Cognitive neuroscience still has a major challenge in distinguishing cause from effect in child psychology. Given that the brain has around 86 billion neurons, it will take science a long time to figure out some of the challenges ahead.

# References

## Chapter 1: Babies and what they know

Ainsworth, M.D., Blehar, M., Waters, E., and Wall, S. (1978). *Patterns of Attachment: A Psychological Study of the Strange Situation*. Hillsdale, NJ: Lawrence Erlbaum.

Bowlby J. (1971). *Attachment and Loss*. London: Harmondsworth: Penguin Books.

Bremner, J.G., and Wachs, T.D. (2010). *Wiley-Blackwell Handbook of Infant Development*, 2nd edn Oxford: Wiley-Blackwell.

Gopnik, A.N., Meltzoff, A.M., and Kuhl, P.K. (1999). *The Scientist in the Crib: What Early Learning Tells us about the Mind*. New York: Harper Collins.

Rochat, P. (2009). *Others in Mind: Social Origins of Self-Consciousness*. Cambridge: Cambridge University Press.

## Chapter 2: Learning about the outside world

Baillargeon, R. (1986). Representing the existence and location of hidden objects: Object permanence in 6- and 8-month-old infants. *Cognition*, 23, 21–41.

Fantz, R.L. (1961). The origin of form perception. *Scientific American*, 204, 66–72.

Spelke, E. (1994). Initial knowledge: Six suggestions. *Cognition*, 50, 431–45.

Wellman, H.M., and Gelman, S.A. (1992). Cognitive development: Foundational theories of core domains. *Annual Review of Psychology*, 43, 337–75.

Wynn, K. (1992). Addition and subtraction by human infants. *Nature*, 358, 749–50.

## Chapter 3: Learning language

Clark, E.V. (2004). How language acquisition builds on cognitive development. *Trends in Cognitive Sciences*, 8, 472–8.
Eimas, P.D., Siqueland, E.R., Jusczyk, P., and Vigorito, J. (1971). Speech perception in infants. *Science*, 171, 303–6.
Fenson, L., Dale, P.S., Reznick, J.S., Bates, E., Thal, D., and Pethick, S. (1994). Variability in early communicative development. *Monographs of the Society for Research in Child Development*, 59, 5, Serial No. 242.
Fernald, A., and Mazzie, C. (1991). Prosody and focus in speech to infants and adults. *Developmental Psychology*, 27, 209–21.
Tomasello, M., and Bates, E. (2001). *Language Development: The Essential Readings*. Oxford: Blackwell.



## Chapter 4: Friendships, families, pretend play, and the imagination

Baillargeon, R., Scott, R. M., He, Z., Sloane, S., Setoh, P., Jin, K., Wu, D., and Bian, L. (in press). Psychological and sociomoral reasoning in infancy. In P. Shaver and M. Mikulincer (eds-in-chief) and E. Borgida and J. Bargh (vol. eds), *APA Handbook of Personality and Social Psychology: Vol. 1. Attitudes and Social Cognition.* Washington, DC: APA.
Dodge, K.A. (2006). Translational science in action: Hostile attributional style and the development of aggressive behaviour problems. *Development and Psychopathology*, 18, 3, 791–814.
Dunham, Y., Baron A.S., and Carey, S. (2011). Consequences of minimal group affiliations in children. *Child Development*, 82, 3, 793–811.
Karpov, Y.V. (2005). *The Neo-Vygotskian Approach to Child Development*. New York: Cambridge University Press.
Leslie, A.M. (1987). Pretense and representation: The origins of 'theory of mind'. *Psychological Review*, 94, 412–26.

## Chapter 5: Learning and remembering, reading and number

Carey, S. (1985). *Conceptual Change in Childhood.* Cambridge, MA: MIT Press.

Fivush, R., and Hudson, J. (1990). *Knowing and Remembering in Young Children*. New York: Cambridge University Press.
Gelman, R., and Gallistel, C.R. (1978). *The Child's Understanding of Number*. Cambridge, MA: Harvard University Press.
Goswami, U., and Bryant, P. (1990). *Phonological Skills and Learning to Read*. Hove: Lawrence Erlbaum Associates.
Nelson, K. (1986). *Event Knowledge: Structure and Function in Development*. Hillsdale, NJ: Erlbaum.
Read, C. (1986). *Children's Creative Spelling*. London: Routledge.

## Chapter 6: The learning brain

Carlson, S.M. (2003). Executive function in context: Development, measurement, theory, and experience. *Monographs of the Society for Research in Child Development*, 68, 3, 274, 138–51.
Gathercole, S.E., and Alloway, T.P. (2007). *Understanding Working Memory: A Classroom Guide*. London: Harcourt Assessment.
Goswami, U. (2013). *Wiley-Blackwell Handbook of Childhood Cognitive Development*. Oxford: Wiley-Blackwell.
Hughes, C. (1998). Executive function in preschoolers: Links with theory of mind and verbal ability. *British Journal of Developmental Psychology*, 16, 233–53.
Luria, A. R. (1976). *Cognitive Development: Its Cultural and Social Foundations*. Cambridge, MA: Harvard University Press.



## Chapter 7: Theories and neurobiology of development

Ashbury, K., and Plomin, R. (2013). *G is for Genes: The Impact of Genetics on Education*. West Sussex: Wiley-Blackwell.
McGarrigle, J., and Donaldson, M. (1975). Conservation accidents. *Cognition*, 3, 341–50.
Piaget, J. (1952). *The Child's Conception of Number*. London: Routledge and Kegan Paul.
Piaget, J. (1954). *The Construction of Reality in the Child*. New York: Basic Books.
Piaget, J., and Inhelder, B.A. (1956). *The Child's Conception of Space*. London: Routledge and Kegan Paul.
Vygotsky, L. (1978). *Mind in Society*. Cambridge, MA: Harvard University Press.

# Further reading

Some of the experiments described in this book are discussed in greater detail in Goswami, U. (2008) *Cognitive Development: The Learning Brain*. Hove: Psychology Press. A fuller reference list is also available on the author's website at <http://www.cne.psychol.cam.ac.uk/>.

## Other useful books include

Bloom, P. (2013). *Just Babies: The Origins of Good and Evil*. New York: Crown.

Donaldson, M. (1987). *Children's Minds*. London: Fontana Press.

Dunn, J. (2004). *Children's Friendships: The Beginnings of Intimacy*. Oxford: Wiley.

Fernyhough, C. (2008). *The Baby in the Mirror*. London: Granta Books.

Hughes, C. (2011). *Social Understanding and Social Lives: From Toddlerhood through to the Transition to School*. Hove: Psychology Press.

Lillard, A.S. (2008). *Montessori: The Science behind the Genius*. New York: Oxford University Press.

Schaffer, H.R. (1996). *Social Development: An Introduction*. Oxford: Blackwell.

Slater, A., & Bremner, J.G. (2011). *An Introduction to Developmental Psychology*. Oxford: Blackwell.

Slater, A.M., & Quinn, P.C. (2012). *Developmental Psychology: Revisiting the Classic Studies*. London: Sage.

# “牛津通识读本”已出书目

古典哲学的趣味
人生的意义
文学理论入门
大众经济学
历史之源
设计，无处不在
生活中的心理学
政治的历史与边界
哲学的思与惑
资本主义
美国总统制
海德格尔
我们时代的伦理学
卡夫卡是谁
考古学的过去与未来
天文学简史
社会学的意识
康德
尼采
亚里士多德的世界
西方艺术新论
全球化面面观
简明逻辑学
法哲学：价值与事实
政治哲学与幸福根基
选择理论
后殖民主义与世界格局
福柯
缤纷的语言学
达达和超现实主义
佛学概论
维特根斯坦与哲学
科学哲学
印度哲学祛魅
克尔凯郭尔
科学革命
广告
数学
叔本华
笛卡尔
基督教神学
犹太人与犹太教
现代日本
罗兰·巴特
马基雅维里
全球经济史
进化
性存在
量子理论
牛顿新传
国际移民
哈贝马斯
医学伦理
黑格尔
地球
记忆
法律
中国文学
托克维尔
休谟
分子
法国大革命
民族主义
科幻作品
罗素
美国政党与选举
美国最高法院
纪录片
大萧条与罗斯福新政
领导力
无神论
罗马共和国
美国国会
民主
英格兰文学
现代主义
网络
自闭症
德里达
浪漫主义
批判理论

德国文学
戏剧
腐败
医事法
癌症
植物
法语文学
微观经济学
湖泊
拜占庭
司法心理学
发展
农业
特洛伊战争
巴比伦尼亚
河流
战争与技术
品牌学
数学简史
物理学
行为经济学
计算机科学
儒家思想
未来
基因
恒星

儿童心理学
时装
现代拉丁美洲文学
卢梭
隐私
电影音乐
抑郁症
传染病
希腊化时代
知识
环境伦理学
美国革命
元素周期表
人口学
社会心理学
动物
项目管理
美学
管理学
卫星
国际法
计算机
亚当 · 斯密
代数
天体生物学

电影
俄罗斯文学
古典文学
大数据
洛克
幸福
免疫系统
银行学
景观设计学
神圣罗马帝国
大流行病
亚历山大大帝
气候
第二次世界大战
中世纪
工业革命
传记
公共管理
社会语言学
物质
学习
化学
天体物理学
意大利文学
海洋生物学